FORSCHUNGSBERICHTE DES LANDES NORDRHEIN-WESTFALEN

Herausgegeben
im Auftrage des Ministerpräsidenten Dr. Franz Meyers
von Staatssekretär Professor Dr. h.c. Dr. E.h. Leo Brandt

DK 621.923.018.5

Nr. 1010

Prof. Dr.-Ing. Dr. h. c. Herwart Opitz
Dr.-Ing. Paul Kips

Laboratorium für Werkzeugmaschinen und Betriebslehre
der Technischen Hochschule Aachen

Grundlagen des elektroerosiven Schleifens bei der Werkzeugaufbereitung

Als Manuskript gedruckt

WESTDEUTSCHER VERLAG / KÖLN UND OPLADEN

1961

ISBN 978-3-663-03669-2   ISBN 978-3-663-04858-9 (eBooK)
DOI 10.1007/978-3-663-04858-9

G l i e d e r u n g

1. Einleitung . . . . S. 5
   1.1 Grundlagen der funkenerosiven Bearbeitung . . . . . . S. 5
   1.2 Kennzeichnung der funkenerosiven Bearbeitung
       mit rotierender Werkzeugelektrode . . . . S. 8

2. Aufgabenstellung . . . . S. 12
   2.1 Abgrenzung des Versuchsbereiches . . . . S. 12
   2.2 Versuchseinrichtung . . . . S. 13
   2.3 Versuchswerkstoffe . . . . S. 15

3. Meßgrößen . . . . S. 15
   3.1 Mechanische Meßgrößen . . . . S. 15
   3.2 Elektrische Meßgrößen . . . . S. 18
   3.3 Die Entladungsdichte . . . . S. 19

4. Allgemeine Abhängigkeiten beim funkenerosiven Schleifen . S. 20
   4.1 Einfluß der Umfangsgeschwindigkeit der Werkzeug-
       elektrode auf das Arbeitsergebnis . . . . S. 20
   4.2 Einfluß des Elektrodenwerkstoffes auf das
       Arbeitsergebnis . . . . S. 23
       4.21 Oberflächenrauhigkeit, Abtrag und Verschleiß
            bei verschiedenen Werkzeugwerkstoffen . . . . . . S. 23
       4.22 Abtragsleistung bei verschiedenen Werkstück-
            stoffen . . . . S. 25

5. Profilbearbeitung durch funkenerosives Schleifen . . . . . S. 27
   5.1 Berücksichtigung des Bearbeitungsspaltes beim
       Profilieren der Scheibenelektrode . . . . S. 27
   5.2 Maßänderung durch Verschleiß der Scheibenelektrode . . S. 29
   5.3 Profilverzerrung des Werkstückes . . . . S. 31

6. Funkenerosives Schleifen von Hartmetallwerkzeugen . . . . S. 32
   6.1 Aufbereitung von Hartmetallwerkzeugen . . . . S. 33
   6.2 Standzeituntersuchungen . . . . S. 36
   6.3 Auswirkung der Oberflächenbeeinflussung durch
       funkenerosives Schleifen auf die Standzeit . . . . . . S. 43
   6.4 Wirtschaftlichkeitsbetrachtungen . . . . S. 56

7. Zusammenfassung . . . . S. 61

8. Literaturverzeichnis . . . . S. 63

9. Verwendete Abkürzungen . . . . S. 66

1. Einleitung

Die Metallbearbeitung durch Funkenerosion hat sich neben den herkömmlichen zerspanenden Verfahren einen bemerkenswerten Platz erobert. Nach der Art der den Materialabtrag verursachenden elektrischen Entladung unterscheidet man zwischen dem eigentlichen Funkenerosions- und dem Lichtbogenerosionsverfahren. So erfolgt der Abtrag bei der Funkenerosion durch zeitlich getrennte, nichtstationäre oder quasistationäre Entladungen zwischen Werkzeugelektrode und Werkstück. Diese bewirken ein Schmelzen oder Verdampfen von jeweils sehr kleinen Oberflächenteilchen der Elektroden. Die Bearbeitung nach dem Lichtbogenverfahren ist dadurch gekennzeichnet, daß der Abtrag durch aufeinanderfolgende, zeitlich getrennte, stationäre Entladungen hervorgerufen wird. Bei der Funkenerosion überwiegt normalerweise die Anodenerosion, während bei der Lichtbogenerosion zwar die Abtragleistung allgemein größer ist, jedoch sowohl die Kathode als auch die Anode stärker angegriffen werden. So zeigte sich z.B. bei einem Vergleich, daß es nur mittels Funkenentladungen möglich ist, das Werkzeugelektrodenprofil mit genügender Genauigkeit als negative Form im Werkstück abzubilden. Aus diesem Grunde werden in dieser Arbeit lediglich Ergebnisse mit dem Funkenerosionsverfahren behandelt.

1.1 Grundlagen der funkenerosiven Bearbeitung

Das vereinfachte Schema des elektrischen Kreises einer Funkenerosionsmaschine ist in Abbildung 1 dargestellt. Eine Gleichspannungsquelle mit der Spannung E lädt den Energiespeicher - in diesem Falle eine Kapazität C - auf. Der Ladevorgang ist dann beendet, wenn an der Kapazität C

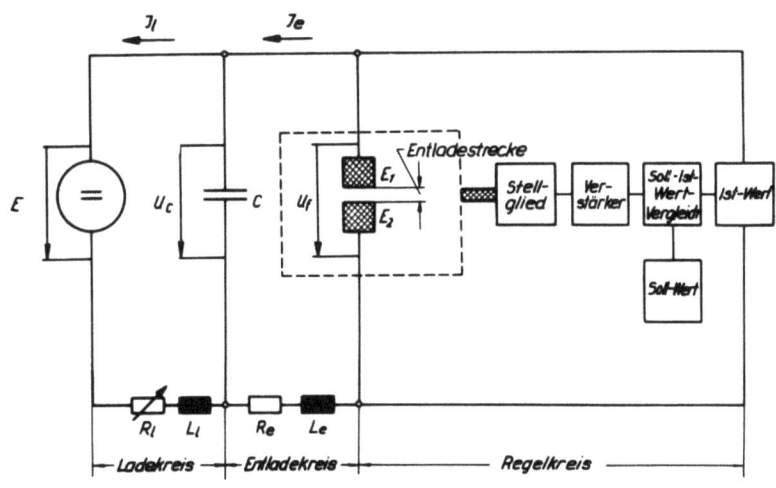

Abbildung 1

Arbeitskreis einer Funkenerosionsmaschine

die Spannung u_o, die Überschlagsspannung zwischen den Elektroden E_1 und E_2, erreicht ist. Die Überschlagsspannung u_o wird bestimmt durch den Abstand der Elektroden sowie die Dielektrizitätskonstante des Arbeitsmediums. Bei der Funkenerosion wird als Arbeitsmedium im allgemeinen ein flüssiges Dielektrikum, z.B. Petroleum, Testbenzin oder Transformatorenöl, verwendet. Für den zeitlichen Verlauf der Spannung und des Stromes während einer Ent- bzw. Auflading fand STUTE [1] die in Abbildung 2 dargestellte Charakteristik. Hierbei kann man Lade- und Entladevorgang als voneinander unabhängig und aufeinanderfolgend betrachten. Sowohl beim Entladestrom als auch bei der Entladespannung handelt es sich um schnell abklingende Schwingungen mit positiven und negativen Halbwellen. Üblicherweise treten bei einer Entladung drei bis vier Halbwellen auf, in selteneren Fällen auch bis zu sechs Halbwellen je Entladung.

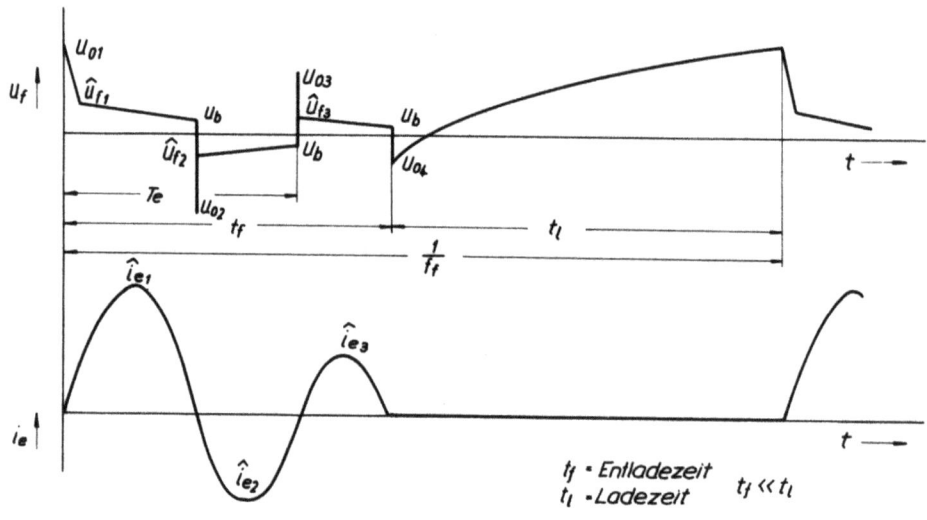

Abbildung 2

Zeitlicher Verlauf von Strom und Spannung während einer Entladung

Zur Ermittlung der Entladearbeit gilt für die Spannung

$$u_f = \hat{u}_f - \frac{\hat{u}_f - u_b}{T_e/2} \cdot t \qquad (1)$$

und den Strom

$$i_e = \hat{i}_e \sin \frac{2\pi}{T_e} \cdot t \quad . \qquad (2)$$

Es bezeichnen

$\hat{u}_f$ die Anfangsspannung der einzelnen Halbwellen
u_b die Mindestfunkenbrennspannung einer Entladung
$\hat{i}_e$ den Spitzenstrom der einzelnen Halbwelle einer Entladung
T_e die Dauer der ersten Entladungsperiode (1. und 2. Halbwelle).

Die gesamte Entladungsarbeit ergibt sich dann aus:

$$A_{f\,ges} = \int_{t=0}^{t=t_1} u_{f1} \cdot i_{e1}\, dt + \int_{t=t_1}^{t=t_2} u_{f2} \cdot i_{e2}\, dt + \cdots \qquad (3)$$

und besteht aus den Funkenarbeiten $A_{f1,2}\ldots$ jeweils zwischen zwei Nulldurchgängen des Entladestromes, da eine Integration über die Nulldurchgänge auf Grund des unstetigen Verlaufes der Spannung nicht möglich ist.

Die Gleichungen für Strom und Spannung im Bereich von $t = 0$ bis $t = t_1$ in die Gleichung für die Entladungsarbeit eingeführt, ergibt:

$$A_{f\,ges} = \frac{\hat{i}_{e1}}{\frac{\pi}{2}} \cdot \frac{\hat{u}_{f1} + u_b}{2} \cdot t_1 + \frac{\hat{i}_{e2}}{\frac{\pi}{2}} \cdot \frac{\hat{u}_{f2} + u_b}{2} \cdot t_2 \quad . \qquad (4)$$

Andererseits ist die Funkenarbeit $A_{f\,ges}$ gleich der Kondensatorarbeit A_k multipliziert mit dem Wirkungsgrad des Entladekreises η_e

$$A_{f\,ges} = A_k \cdot \eta_e \quad . \qquad (5)$$

Die Kondensatorarbeit ist dabei

$$A_k = \frac{1}{2} C u_o^2 \quad . \qquad (6)$$

Bezeichnet man die Anzahl der Entladungen pro Zeiteinheit, also die Funkenfolgefrequenz, mit f_f, so läßt sich die in der Entladestrecke umgesetzte Leistung ausdrücken als:

$$N_f = A_{f\,ges} \cdot f_f \quad . \qquad (7)$$

Bezogen auf die Kondensatorarbeit lautet dann die Gleichung für die Funkenleistung:

$$N_f = \frac{1}{2} C u_o^2 \cdot f_f \cdot \eta_e \quad . \qquad (8)$$

Die Entladungen führen zur Erosion der Elektroden, so daß sich der Abstand zwischen ihnen vergrößert. Dies bedeutet aber eine Erhöhung der für den Überschlag erforderlichen Spannung und damit eine Änderung der Funkenarbeit. Außerdem wird nach Überschreiten der Kondensatorspannung die Entladungsfolge unterbrochen. Der in Abbildung 1 angedeutete Regelkreis dient zur Einhaltung eines konstanten Abstandes zwischen den Elektroden E_1 und E_2. Wird der Sollwert des Regelkreises auf einen optimalen Spannungswert für U_f eingestellt, so hat eine Änderung von U_f über den Soll-Ist-Wert-Vergleich einen Regelbefehl zur Folge. Dieser ändert über Verstärker und Stellglied den Elektrodenabstand. Der Regelkreis arbeitet dann optimal, wenn die Abweichung von U_f gegenüber dem Sollwert in einem kleinen Bereich liegen.

1.2 Kennzeichnung der funkenerosiven Bearbeitung mit rotierender Werkzeugelektrode

Der geschilderte funkenerosive Abtragungsvorgang kann in Zusammenhang mit der Kinematik der verschiedenen bekannten mechanischen Bearbeitungsverfahren angewendet werden. Beim elektroerosiven Senken erfolgt sowohl beim elektroerosiven Bohren als auch beim elektroerosiven Gravieren die Vorschubbewegung mit der Werkzeugelektrode oder dem Werkstück, und zwar in Richtung des Arbeitsfortschrittes. Die Werkzeugelektrode kann dabei eine schwingende Zusatzbewegung in Richtung des Vorschubes ausführen. Das elektroerosive Schneiden mit endloser und endlicher Bandelektrode entspricht dem Prinzip einer Bandsäge. Ein Elektrodenband läuft über Rollen um oder hin und her und führt gleichzeitig eine Vorschubbewegung aus. Der Vorschub kann natürlich auch vom Werkstück ausgeführt werden. Abgesehen vom Arbeiten mit rundem Querschnitt beim funkenerosiven Senken und beim funkenerosiven Schneiden ist eine Drehbewegung der Werkzeugelektrode nur beim sog. elektro- oder funkenerosiven Schleifen üblich. Die Bezeichnung "Schleifen" hat sich wegen der verwandten kinematischen, nicht aber wegen gleicher Abtragsverhältnisse eingebürgert. Demnach entspricht eine funkenerosive Schleifmaschine in ihrem mechanischen Aufbau einer herkömmlichen Schleifmaschine. Außer der Vorschubbewegung, die von der Werkzeugelektrode oder dem Werkstück ausgeführt wird, ist eine Zustellbewegung erforderlich. Die Zustellung erfolgt vor der Bearbeitung und kann, wie auch die Vorschubbewegung, in vertikaler oder horizontaler Richtung durchgeführt werden. Eine Drehbewegung des Werkstückes ist ebenfalls möglich. Die Vorschubbewegung, die beim normalen Schleifen mit konstanter Geschwindigkeit erfolgt, wird beim funkenerosiven Schleifen durch den Arbeitsfortschritt bestimmt. Sie dient dazu, den Abstand zwischen Werkzeug- und Werkstückelektrode konstant zu halten. Im Falle einer automatischen Vorschubregelung ist der Vorschubmotor das Stellglied des Regelkreises.

Ein Vergleich des Abtragvorganges beim normalen und funkenerosiven Schleifen führt zu einem grundlegenden Unterschied, wenn auch der Vergleich: große Zahl schneidender Körner - große Zahl erodierender Funken - beide Verfahren als ähnlich erscheinen läßt. Kennzeichnend für das Abtragen beim herkömmlichen Schleifen ist das Schneiden von Spänen, während das elektroerosive Schleifen durch Verdampfen und Schmelzen abträgt.

Der Krater, der durch eine Einzelfunkenentladung beim funkenerosiven Schleifen auf Kathode und Anode erzeugt wird, unterscheidet sich nicht wesentlich von dem beim funkenerosiven Senken entstehenden. Wie Abbildung 3 zeigt, liegen die Durchmesser der Krater bei Grobbearbeitung (hohe Funkenenergie) in der Größenordnung von einigen 1/10 mm. Die Tiefe der Krater beträgt einige 1/100 mm.

Zum Vergleich sind in Abbildung 4 Aufnahmen einer herkömmlich geschliffenen und einer funkenerosiv geschliffenen Hartmetallprobe wiedergegeben.

Abbildung 4a zeigt, daß die funkenerosiv geschliffene Oberfläche keine gerichtete Bearbeitungsspur aufweist, während sich beim konventionellen Schleifen Riefen, d.h. unterschiedliche Rauhigkeiten in Quer- und Längsrichtung, ergeben.

In Abbildung 4b sind diese Unterschiede bei stärkerer Vergrößerung noch deutlicher zu erkennen. Bei den mit "mechanisch geschliffen" bezeichneten Abbildungen handelt es sich um eine mit einer Diamantscheibe (Körnung 30 µm) feingeschliffene Hartmetalloberfläche. Bei dem funkenerosiv geschliffenen Gegenstück des gleichen Werkstoffes beträgt der Einzelkraterdurchmesser, da es sich um Feinbearbeitung handelt, etwa 10 µm. Im Gegensatz zum Normalschliff zeigt sich eine gleichmäßigere Ausbildung der Oberfläche.

Das herkömmliche Schleifen ist dem elektroerosiven Schleifen bei normal gut bearbeitbaren Werkstoffen zeitlich überlegen. Die thermische Abtragung des Werkstoffes darf sich nur auf mikroskopisch kleine Oberflächenteile erstrecken, da sonst das Gefüge durch großflächige Überhitzung und Wärmespannungen zerstört wird. Örtlich begrenzte Entladungen sind aber nur bei relativ geringer Energieanwendung möglich; diese

A b b i l d u n g 3
Erosion der Elektroden beim
Einzelüberschlag
(Grobbearbeitung)
Drehrichtung (v = 240 $\frac{m}{min}$)

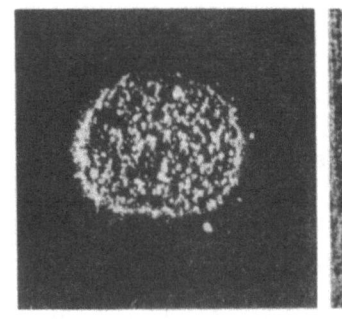 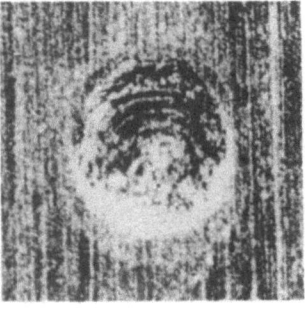

0,2 mm

Anodenkrater Kathodenkrater
(Werkstück: HM P20) (Scheibe: Cu)

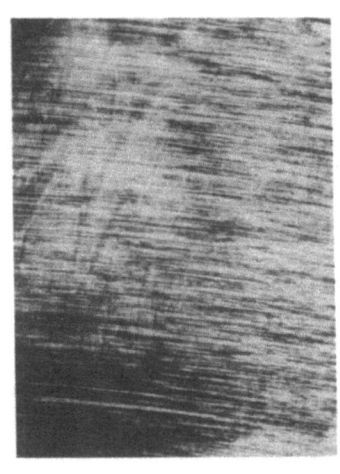 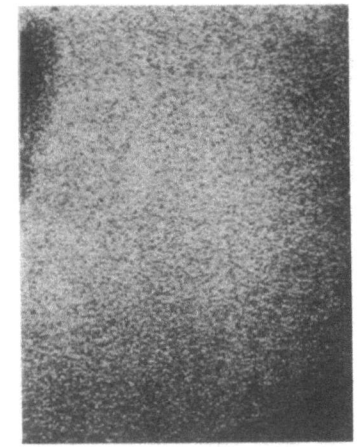

1 mm

mechanisch funkenerosiv

A b b i l d u n g 4a
(lichtmikroskopisch)
Vergleich einer mechanisch und einer funkenerosiv
geschliffenen Hartmetalloberfläche (P 20)

10 µ

A b b i l d u n g 4b
(elektronenmikroskopisch)

wiederum begrenzt die Abtragungsleistung auf kleinere Werte, als sie beim normalen Schleifen möglich sind, so daß die elektroerosive Bearbeitung von Werkstoffen, die mit Korund- oder SiC-Schleifscheiben ohne Schwierigkeiten bearbeitbar sind, keine Vorteile bringt. Eine Ausnahme bilden jedoch Werkstücke, die durch ihre Feinheit und Labilität (z.B. Federn, Uhrenbauteile) bei der Bearbeitung Schwierigkeiten bereiten, während die Elektroerosion mit ihrem berührungslosen und damit kraftfreien Angriff hier gut einsetzbar ist.

Demgegenüber muß man jedoch bei Hartmetall, wenn eine Zerstörung der Oberfläche durch Wärmerisse vermieden werden soll, so vorsichtig mit Siliziumkarbid oder Diamant schleifen, daß die Abtragsleistung in der gleichen Größenordnung wie beim funkenerosiven Schleifen liegt. Hinzu kommt, daß eine Formbearbeitung von Hartmetall wegen des starken Verschleißes am Werkzeug mit normalen Schleifmitteln auf große Schwierigkeiten stößt. Eine Bearbeitung mit Diamantscheiben scheidet hier in den meisten Fällen aus, weil sie als Profilscheiben schwer herstellbar und kaum abzurichten sind.

Die Vorzüge des funkenerosiven Schleifens liegen also fast ausschließlich in der Profilbearbeitung von Hartmetall. Günstig ist hierbei besonders, daß eine große Elektrodenfläche entsprechend dem Umfang der möglichst groß zu wählenden Scheibe zur Verfügung steht. Außerdem läßt sich bei geeigneten Elektrodenwerkstoffen eine rotierende Scheibenelektrode leicht profilieren.

Eine Möglichkeit hierzu liegt in der Verwendung von Hartmetallformwerkzeugen zum Abrichten der Scheibenelektrode entsprechend dem gewünschten Profil. Allerdings ist die Erzeugung dieses Abrichtwerkzeuges meist genau so schwierig wie das Herstellen des zu fertigenden Werkstückes, so daß für eine Einzelfertigung dieser Weg unwirtschaftlich erscheint.

Eine andere, günstigere Möglichkeit bietet ein Gerät, wie es zum Formabrichten von normalen Schleifscheiben seit einiger Zeit gebräuchlich ist. Durch Abtasten einer Schablone wird über eine Pantographenübersetzung 5 : 1 oder 10 : 1 mittels eines Schneiddiamanten das Profil direkt auf die Scheibenelektrode übertragen. Die Herstellung der Schablone ist einmalig für jedes Werkstückprofil und stellt keine großen Anforderungen in fertigungstechnischer Hinsicht.

Die Wirkungsweise des funkenerosiven Verfahrens erfordert möglichst große Arbeitsflächen. Die elektrische Energie pro Flächeneinheit ist bei

der Erosion durch Anforderungen an die Oberflächengüte des Werkstückes
begrenzt. Man kann daher die Gesamtenergie und damit die Abtragsleistung
nur erhöhen, indem man die in Eingriff befindliche Werkstückoberfläche
(im folgenden "Arbeitsfläche" genannt) durch eine einmalige große Zustellung vergrößert, anstatt mehrmals einen kleinen Betrag zuzustellen,
wie es im allgemeinen beim normalen Schleifen erfolgt. Solange hierbei
die Energie pro Flächeneinheit gleich bleibt, ergibt sich keine nachteilige Wirkung auf die Werkstückoberfläche. Schnittkräfte entfallen
beim funkenerosiven Schleifen, da berührungslos gearbeitet wird. Dabei
kann sowohl im Stirn- als auch im Umfangsschliff gearbeitet werden, wobei der Umfangsschliff immer bei Profilbearbeitung verwendet werden muß.

2. Aufgabenstellung

Ziel der vorliegenden Arbeit soll es sein, die Einflußgrößen der funkenerosiven Bearbeitung mit rotierender Elektrode aufzuzeigen und zu untersuchen. Für den praktischen Einsatz eines funkenerosiven Bearbeitungsverfahrens ist vor allem die Kenntnis der Abtragsleistung, des Werkzeugelektrodenverschleißes und der Oberflächengüte erforderlich. Im Bereich
des funkenerosiven Schleifens soll die Abhängigkeit dieser Faktoren von
der Rotation und der Geometrie der Werkzeugelektrode, vom Elektrodenwerkstoff, von der Entladungsarbeit sowie der Entladungsdichte untersucht werden.

2.1 Abgrenzung des Versuchsbereiches

Der Drehzahlbereich für die Scheibenelektrode ist nach oben begrenzt
durch die mechanische Festigkeit des Scheibenwerkstoffes und die bei
zunehmender Drehzahl stärkere Aufwirbelung des Dielektrikums. Die Abmaße der Scheibenelektrode bestimmen die Größe der Arbeitsfläche. Außerdem wird sich die durch den Verschleiß hervorgerufene Formänderung des
Scheibenprofils mit dem Umfang der Scheibe ändern. Für die Wahl des
Elektrodenwerkstoffes ist außer günstigen Leistungswerten auch die Möglichkeit einer wirtschaftlichen Formgebung der Scheibenelektrode in Betracht zu ziehen. Die grundsätzlich für die gesamte Funkenerosion
gleichbleibende Abhängigkeit der Leistungswerte von der Entladungsarbeit
wird für den Fall des funkenerosiven Schleifens überprüft. Dabei erwies
es sich als notwendig, die Entladungsdichte als eine Kenngröße einzuführen, die den Zusammenhang von Funkenleistung und Arbeitsfläche erfaßt.

In bezug auf das Arbeitsergebnis sind dabei folgende Einflußgrößen zu untersuchen:

1. die Kapazität im Entladekreis C
2. die Speisespannung E
3. der Widerstand R_1 im Aufladekreis
4. der durch die Vorschubregelung eingehaltene Funkenspalt α

Um die Zahl der bei Variation aller dieser Größen notwendigen Versuche möglichst gering zu halten, wurden in Vorversuchen die optimalen Werte für vier Bearbeitungsstufen festgelegt. Es handelt sich um zwei Grobbearbeitungsstufen, eine Schlichtstufe und eine Feinbearbeitungsstufe.

Im Anschluß an die Ermittlung der grundsätzlichen Zusammenhänge sollen an Hand von praktischen Beispielen die zwei Haupteinsatzgebiete des funkenerosiven Schleifens, das Profilschleifen von Hartmetall sowie die Aufbereitung von Hartmetalldrehmeißeln, untersucht werden. Zur Bewertung der Ergebnisse beim Profilschleifen ist es erforderlich, die mit dem Verfahren erzielbare Abbildungsgenauigkeit aufzuzeigen. Um zu einer Aussage über den wirtschaftlichen Einsatz der Funkenerosion bei der Aufbereitung von Hartmetalldrehmeißeln zu kommen, wurde weiterhin das Standzeitverhalten funkenerosiv geschliffener Drehmeißel untersucht.

2.2 Versuchseinrichtung

Für die Versuche wurde eine Flächenschleifmaschine verwendet, die für das funkenerosive Schleifen umgebaut wurde. Den prinzipiellen Aufbau zeigt Abbildung 5.

Die Schleifspindel ist durch eine Kunststoff-Hülse gegen die Maschine isoliert. Der Entladestrom wird über Schleifringe auf die Spindel übertragen, wobei die Spindel negativ gepolt ist. Der positive Pol liegt an der Spannvorrichtung für das Werkstück. Als Scheibenelektrode dient eine leitende Metall- oder Graphitscheibe, die durch einen Stahlflansch auf der Spindel befestigt ist. Ein Gleichstrommotor ermöglicht eine stufenlose Drehzahleinstellung der Scheibenelektrode zwischen 10 und 700 U/min. Da der Bearbeitungsvorgang immer in einer dielektrischen Flüssigkeit erfolgen muß, ist auf dem Maschinentisch ein Behälter zur Aufnahme des Dielektrikums aufgesetzt. Als Dielektrikum wird Testbenzin (Sangajol oder Bepetan) verwendet. Über eine Filteranlage wird es in ständigem Umlauf gereinigt, so daß der Zustand des Dielektrikums als konstant angenommen werden kann.

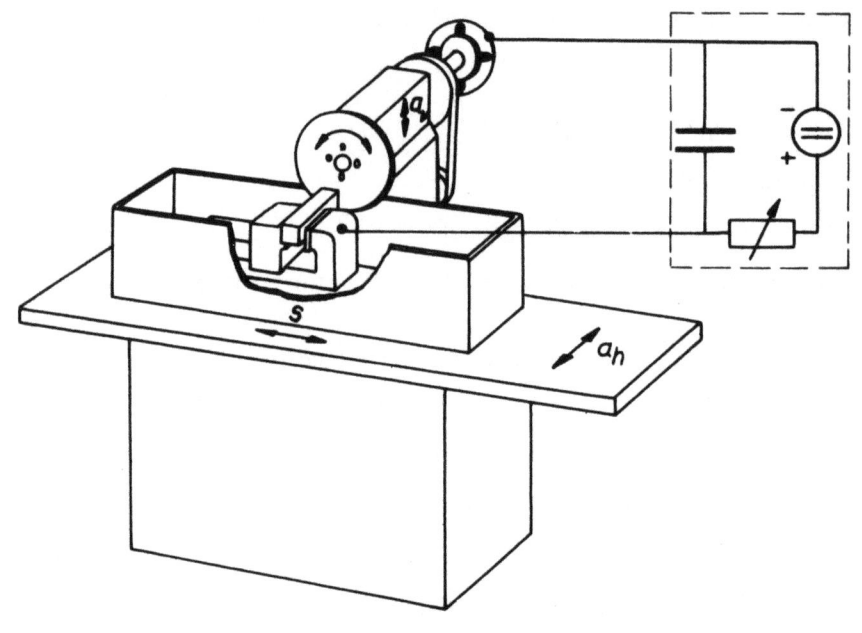

Abbildung 5
Versuchseinrichtung

Die Zustellbewegungen erfolgen in vertikaler (a_v) und in horizontaler (a_h) Richtung von Hand. Der Vorschub in Richtung s wird in Abhängigkeit vom Elektrodenabstand und damit vom Arbeitsfortschritt geregelt.

Das elektrische Aggregat wurde auf eine Eingangsleistung von 3,5 kVA ausgelegt. Der mit Thyratrongleichrichtern aufgebaute Ladekreis gestattet eine einfache Leistungssteuerung. Der Entladekreis erlaubt die Wahl der Arbeitsbedingungen in einem Bereich zwischen einer Feinbearbeitungsstufe (Rauhigkeit unter 1 μm) und einer Grobbearbeitungsstufe (Rauhigkeit 35 μm).

Bei der benutzten Versuchseinrichtung sind die Arbeitsbedingungen außer der Kapazität, die in Stufen geschaltet wird, über Potentiometer stufenlos einzustellen. Der Vorteil, dadurch aus der Vielzahl der Kombinationsmöglichkeiten die günstigsten auswählen zu können, brachte gleichzeitig den Nachteil, daß ein Versuchspunkt nur schwer zu reproduzieren war, bzw. die theoretisch als günstig erkannten Kombinationen mit der praktisch durchgeführten Potentiometereinstellung meist nur annähernd getroffen wurden. Vor allen Dingen machte die Wahl des günstigsten Vorschubes Schwierigkeiten. Hieraus erklären sich die Streuwerte der später gezeigten Diagramme.

Selbstverständlich wiesen zwei mit der gleichen Kombination unmittelbar hintereinander ohne Änderung der Potentiometer gefahrene Versuche gleiche

Ergebnisse auf. Für die gleiche Kombination der Einstellgrößen (C, E, R_1, α) stellte sich die gleiche Funkenleistung ein.

Für die Versuche zur Formbearbeitung stand als Zusatzgerät zu der verwendeten Maschine eine nach dem Phantographenprinzip arbeitende Profiliereinrichtung "Diaform" der Firma Toolmasters, England, zur Verfügung.

2.3 Versuchswerkstoffe

Um die Abhängigkeiten der Kenngrößen von den Elektrodenwerkstoffen zu erfassen, wurden für die Werkzeugelektroden folgende Werkstoffe verwendet:

Elektrolyt-Kupfer
Grauguß GG 18
Armco-Eisen (99.9 % Fe)
Elektro-Graphit.

Für die Werkstückelektroden wurde Hartmetall der Zerspannungsanwendungsgruppen P 10, P 20, P 30 und P 40 sowie K 10 und K 40 gewählt.

3. Meßgrößen

3.1 Mechanische Meßgrößen

Die Abtragsleistung V_W wird angegeben in der Dimension mm^3/min; sie bezeichnet das in der Zeiteinheit abgetragene Werkstoffvolumen. Letzteres ergibt sich über das spez. Gewicht γ durch Wägung des Werkstückes vor und nach der Bearbeitung. Das Wiegen wurde mit einer Präzisions-Analysenwaage durchgeführt. Der Scheibenelektrodenverschleiß V_E wird ebenfalls in mm^3/min angegeben. V_E konnte aus zwei Gründen nicht durch Wägung bestimmt werden: Einmal stand für das verhältnismäßig große Gewicht der Scheibe keine Waage mit der nötigen Genauigkeit zur Verfügung. Auf der anderen Seite war es nicht möglich, die Scheibe nach einer Messung außerhalb der Maschine wieder schlagfrei zu montieren. Daher wurde das Verschleißvolumen V_E, ohne die Scheibe von der Spindel zu lösen, in folgender Weise bestimmt:

Die Scheibe wurde vor dem Versuch durch einen im Werkstückträger eingespannten Hartmetallmeißel in Richtung der Querzustellung des Tisches abgerichtet.

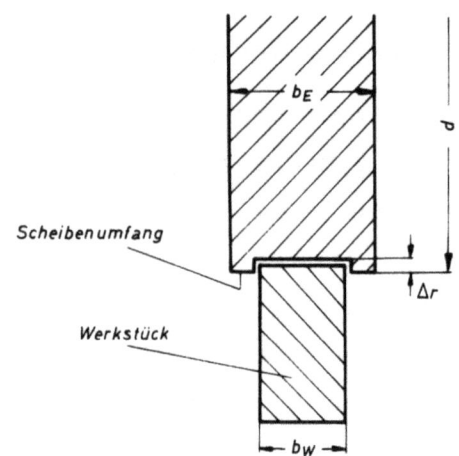

Abbildung 6
Verschleißmessung an der Scheibenelektrode

Da die Werkstückbreite geringer gewählt wurde als die Scheibenelektrodenbreite, ergaben sich nach dem Versuch zwei Reststreifen der unverschlissenen Scheibe.

Die Tiefe der Verschleißrille Δr wurde mit einem Mikrokator gemessen, wobei als Bezugsfläche der unverschlissene Teil der Scheibe diente. Aus dem Scheibenverschleiß und dem Werkstoffabtrag ergibt sich der relative Werkzeugelektrodenverschleiß:

$$\vartheta = \frac{V_E}{V_W} \cdot 100 \text{ \%} \qquad (9)$$

Als Maß für die Oberflächengüte des Werkstückes wurde die Rauhtiefe R nach DIN 4760 und 4762 bestimmt. Zur Messung wurde ein Perth-O-Meter, Type Universal S4, verwendet.

Die Geometrie der Eingriffsverhältnisse während des Versuchs ist durch folgende Größen gegeben:

Zustellung a in mm
Arbeitsfläche F in mm^2
Bearbeitungsspalt α in µm.

Die Arbeitsfläche F ergibt sich, wie Abbildung 7 zeigt, aus dem Durchmesser d der Scheibenelektrode, der Zustellung a und der Breite b_W des Werkstückes:

$$F = l \cdot b_W \qquad (10)$$

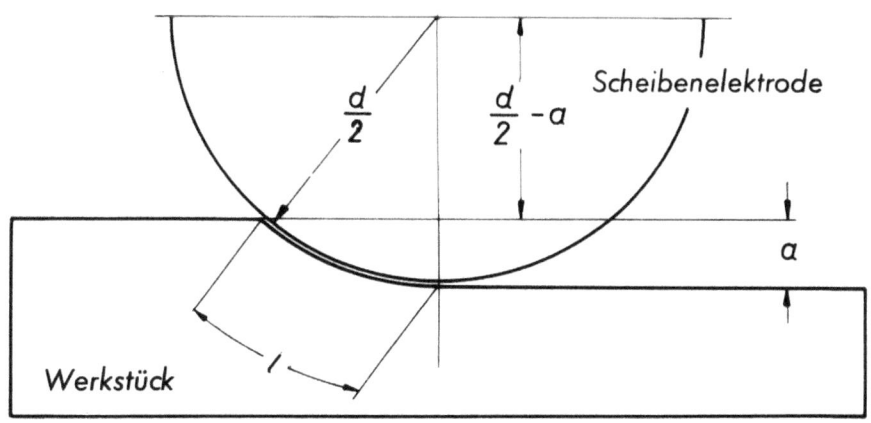

Abbildung 7
Bestimmung der Arbeitsfläche F

Sie ist über die Entladungsdichte maßgebend für die zu wählende optimale Bearbeitungsstufe bzw. die zu erwartende Oberflächengüte des Werkstückes.

Der funktionelle Zusammenhang zwischen dem Scheibendurchmesser d, der Zustellung a und der Arbeitsfläche F besteht über Bogenlänge l:

$$l = \frac{d\pi}{360} \text{ arc cos } \frac{d - 2a}{d} \qquad (11)$$

Die sich aus dieser Gleichung zu verschiedenen Durchmessern ergebenden Kurven für l sind in Abbildung 8 in doppelt-logarithmischer Darstellung über der Zustellung a aufgetragen.

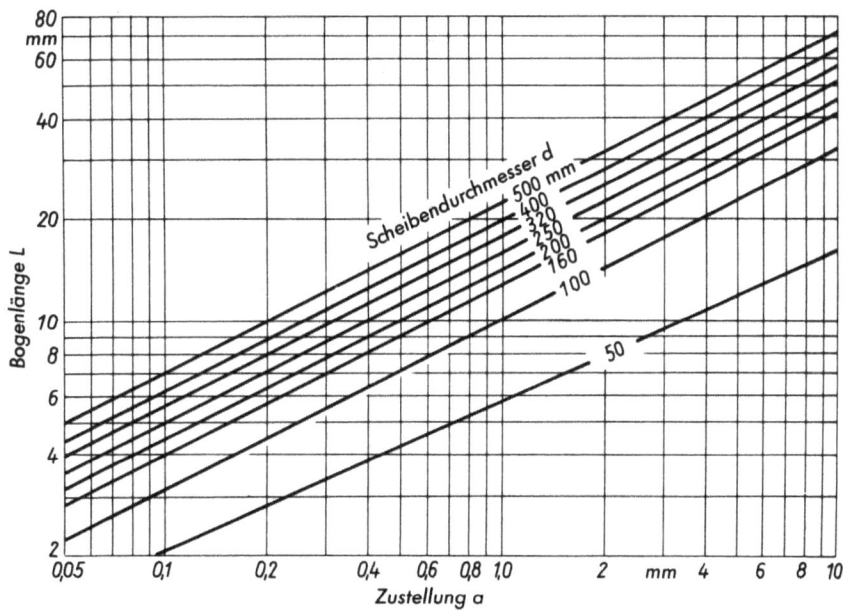

Abbildung 8
Bestimmung der Bogenlänge l

Der Bearbeitungsspalt wird als Maßdifferenz zwischen Werkzeugelektrode und Werkstück nach der Bearbeitung gemessen. Mit einer Scheibenelektrode definierter Breite wurde in ein Werkstück eine Nut eingebracht. Die Länge der Nut wurde klein gewählt, so daß der Scheibenverschleiß vernachlässigbar gering war. Die Differenz zwischen Breite der Scheibe und Breite der Nut ergab den doppelten Bearbeitungsspalt. Gemessen wurde mit einer Tastlehre, die ein Ablesen auf 0,001 mm gestattete.

3.2 Elektrische Meßgrößen

Die Funkenleistung N_f setzt sich, wie bereits erwähnt, zusammen aus der Funkenarbeit A_{fges} und der Funkenfolgefrequenz f_f (siehe Gleichung (7)). Es sind also zur Ermittlung der Funkenleistung folgende Größen zu messen (siehe Abb. 2):

    der Spitzenstrom i_e
    die Spannung $\hat{u}_f$
    die Spannung u_b
    die Entladungsdauer T_e
    die mittlere Frequenz der Entladungsfolge f_f bzw.
    die Zahl der Entladungen Z_f.

Die vier erstgenannten Größen wurden mit einem Oszillograph, Typ 545, der Tektronix Corp. mit Zweikanalvorverstärker gemessen. Mit diesem Gerät ist es möglich, zwei Vorgänge, in diesem Fall den Verlauf von Strom und Spannung, gleichzeitig aufzuschreiben.

In Abbildung 9 wird als Beispiel der Strom-Spannungsverlauf einer Entladung für eine Bearbeitungsstufe gezeigt. Die obere Kurve stellt den Stromverlauf, die untere den Spannungsverlauf dieser Stufe dar.

Die Größe des Entladestromes wurde oszillographisch als Spannungsabfall an einem bekannten, vom Entladestrom durchflossenen induktionsarmen Widerstand gemessen.

Die Abgriffe für die Entladungsspannung wurden möglichst nahe an die Entladestrecke gelegt, damit die durch die Induktivität der Meßstrecke hervorgerufenen Fehler gering blieben.

Dementsprechend erfolgte der Bürstenabgriff auf der Scheibenelektrode in unmittelbarer Nähe der Funkenstrecke.

Die mittlere Frequenz der Entladungsfolge f_f ergab sich aus der Messung der Zahl der Entladungen während der Versuchszeit. Die Messung wurde

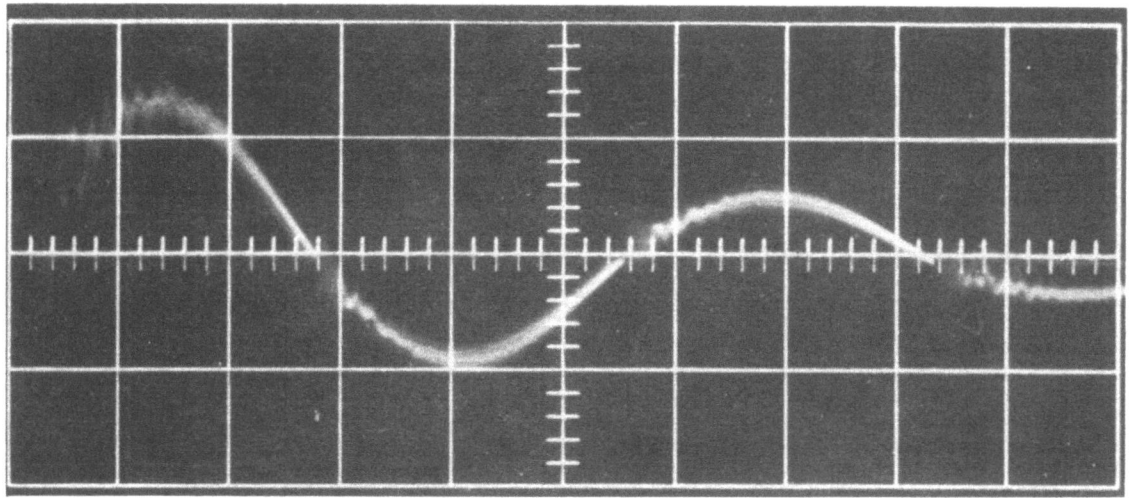

Stromverlauf: 592 A/Teilstrich; 5 µs/Teilstrich

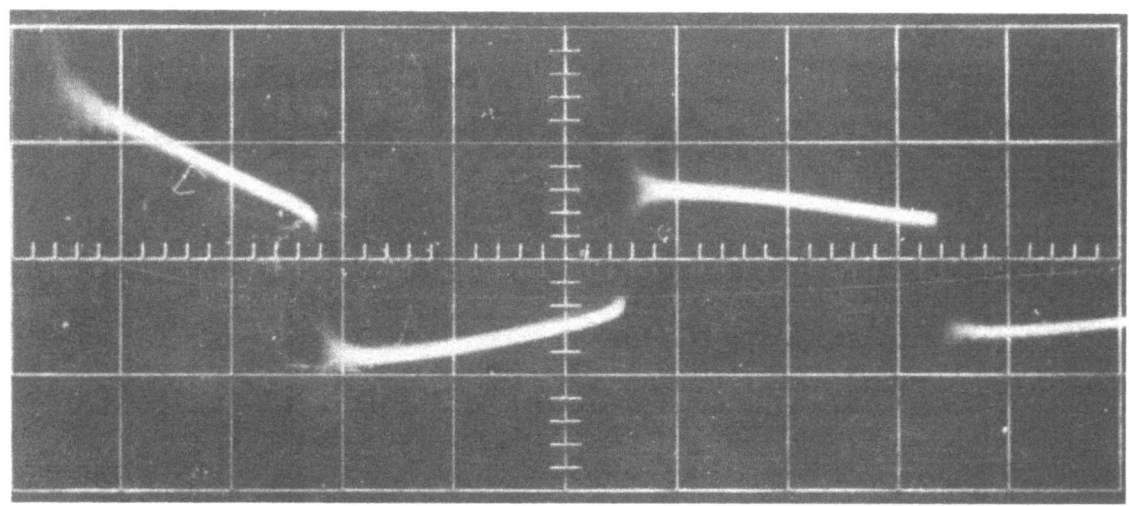

Spannungsverlauf: 50 V/Teilstrich; 5 µs/Teilstrich

A b b i l d u n g   9

Strom- und Spannungsverlauf einer Entladung für eine Bearbeitungsstufe

mit einem elektronischen Zählgerät der Firma Elesta durchgeführt. Es zählt bei einer Mindesteingangsspannung von 30 V bis 10^{10} Impulse bei einer Impulsfolge bis zu 100 kHz.

3.3 Die Entladungsdichte

Es erwies sich als zweckmäßig, unter Berücksichtigung der Auslegung der Versuchsmaschine den Begriff der Entladungsdichte als Bezugsgröße einzuführen.

Die jeweils im Eingriff befindliche Arbeitsfläche F bestimmt bei einer gewählten Kapazität C die Einstellung der maximal möglichen Funkenleistung. Wählt man die Funkenleistung für eine gegebene Fläche zu groß, so geht die Folge der Einzelentladungen in einen Lichtbogen über. Die Vorschubregelung arbeitet entsprechend unruhig und die Oberflächengüte des Werkstückes verschlechtert sich bei gleichzeitigem Absinken der Abtragsleistung. Wird eine im Verhältnis zur Arbeitsfläche zu kleine Funkenleistung angewandt, so verbessert sich zwar die Oberflächengüte, jedoch ist die Abtragsleistung nicht optimal. Der Zusammenhang zwischen der Funkenleistung N_f und der Arbeitsfläche F kann durch die Gleichung

$$\Theta = \frac{N_f}{F} = \frac{A_{fges} \cdot f_f}{F} \qquad (12)$$

ausgedrückt werden.

A_{fges} = Funkenarbeit des Einzelimpulses

f_f = Funkenfolgefrequenz

Da es sich um die zeitliche und räumliche Auftreffdichte der Funkenentladungen handelt, ist die gewählte Bezeichnung "Entladungsdichte Θ" naheliegend.

4. Allgemeine Abhängigkeiten beim funkenerosiven Schleifen

4.1 Einfluß der Umfangsgeschwindigkeit der Werkzeugelektrode auf das Arbeitsergebnis

Wie eingangs erwähnt, liegt der Hauptunterschied zwischen elektroerosivem Senken und elektroerosivem Schleifen in der Bewegung der Werkzeugelektrode. Aus diesem Grunde wurde zunächst der Einfluß der Umfangsgeschwindigkeit der Werkzeugelektrode auf das Arbeitsergebnis untersucht. Dabei zeigte sich, daß ein störungsfreies Arbeiten der Maschine bei Steigerung der Elektrodenumfangsgeschwindigkeit nur durch Erhöhung der Funkenarbeit möglich war. Die Steigerung der Umfangsgeschwindigkeit führt zur Vergrößerung des Spüldrucks bzw. der Strömungsgeschwindigkeit im Bearbeitungsspalt. Diese Verhältnisse wurden von H. OBRIG [2] beim funkenerosiven Senken untersucht. Es ergab sich, daß mit zunehmendem Spüldruck bei konstanter Überschlagsspannung u_o der Bearbeitungsspalt kleiner wird und damit durch erschwertes Abführen von Erosionsprodukten Kurzschlußzündungen auftreten. Um eine konstante Größe des Bearbeitungsspaltes zu erhalten, mußte über die Sollwerteinstellung der Vorschubregelung die Überschlagsspannung u_o und damit die Funkenarbeit A_{fges} erhöht werden.

Für den Werkstückstoff Hartmetall K 10 und den Scheibenwerkstoff Graphit sind die Abtrags- und Verschleißwerte V_W und V_E pro Impuls sowie die Funkenarbeit A_{fges} als Funktion der Scheibenumfangsgeschwindigkeit für eine Schlichtstufe in Abbildung 10 aufgetragen. Trotz Steigerung der Funkenarbeit bleiben Werkstoffabtrag und Elektrodenverschleiß pro Impuls konstant.

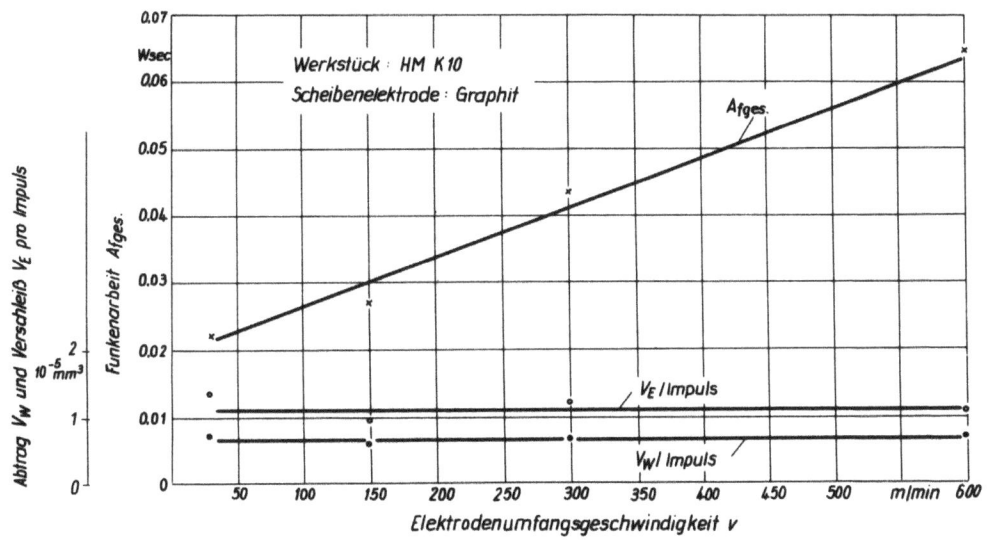

A b b i l d u n g   10
Abhängigkeit der Funkenarbeit, des Abtrags und Verschleißes
pro Entladung von der Elektrodenumfangsgeschwindigkeit
für die Schlichtstufe

Die mit zunehmender Spülwirkung ansteigenden Verluste in der Funkenstrecke verhindern, daß der Abtrag proportional der Funkenarbeit ansteigt.

In den beiden Grobbearbeitungsstufen sind Bearbeitungsspalt und Funkenenergie wesentlich größer als bei der Schlichtstufe, so daß eine Beeinflussung durch die Elektrodenumfangsgeschwindigkeit nur noch bei niedriger Geschwindigkeit feststellbar ist. Der Verlustanteil an Funkenenergie ist wegen der im Verhältnis geringen Änderung der Spülverhältnisse im Spalt für fast alle Geschwindigkeiten gleich (Abb. 11). Ebenfalls ist die Erosion pro Impuls für alle Drehzahlen fast gleich.

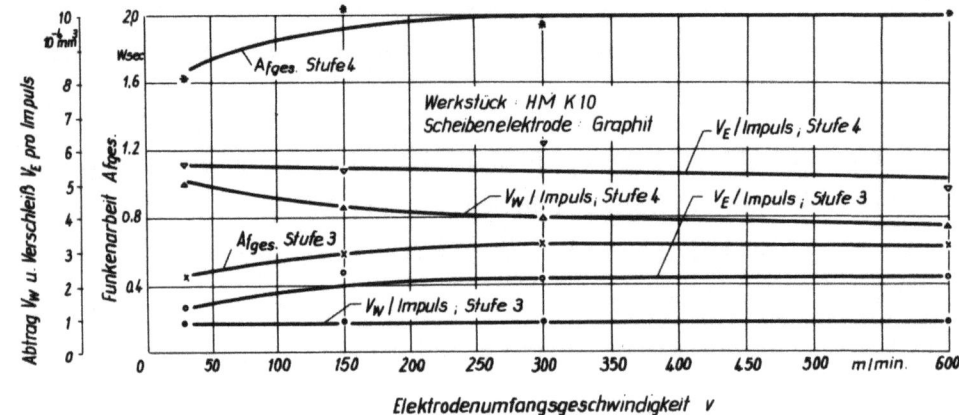

Abbildung 11

Abhängigkeit der Funkenarbeit, des Abtrags und Verschleißes
pro Entladung von der Elektrodenumfangsgeschwindigkeit
für die Grobstufen

Die bei den Funkenerosionsmaschinen übliche Angabe von Eingangsleistung oder höchster Abtragsleistung sagt noch nichts über ihre Leistungsfähigkeit. Besonders für das funkenerosive Schleifen gilt die Forderung nicht nur nach einer möglichst hohen Abtragsleistung, sondern nach dem wirtschaftlich tragbaren Verhältnis zwischen dieser Abtragsleistung und der dabei erreichbaren Oberflächengüte.

Die Oberflächenrauheit ist von der Kratertiefe und damit von der Arbeit der Einzelentladung abhängig. Sie wird jedoch nicht von der Funkenfolgefrequenz beeinflußt; also bleibt als weitere Einflußgröße die Elektrodenumfangsgeschwindigkeit. Dabei ist zu bemerken, daß eine direkte wesentliche Einwirkung der Umfangsgeschwindigkeit während der Kraterbildung nicht möglich ist, da die Geschwindigkeit der Kraterbildung um Größenordnungen höher liegt als die Relativgeschwindigkeit, mit der sich die Endpunkte der Entladung auf Werkzeug und Werkstück bei höchster Drehzahl gegeneinander verschieben.

Eine indirekte Beeinflussung der Oberflächenrauheit des Werkstückes durch die Umfangsgeschwindigkeit über die Funkenarbeit ist ebenfalls nicht feststellbar. Bei den in Abbildung 10 und 11 gezeigten Versuchen wurde für die einzelnen Bearbeitungsstufen gleiche Rauhigkeit für alle Umfangsgeschwindigkeiten gefunden. Dies rührt daher, daß für die Oberflächenrauheit der Anteil der Funkenarbeit maßgebend ist, der nach den Entladungskanalverlusten den Abtrag am Werkstück erzeugt. Da der Abtrag aber für alle Drehzahlen praktisch gleich war, blieb auch die Rauheit die gleiche.

4.2 Einfluß des Elektrodenwerkstoffes auf das Arbeitsergebnis

4.21 Oberflächenrauhigkeit, Abtrag und Verschleiß bei verschiedenen Werkzeugstoffen

Für eine konstante Elektrodenumfangsgeschwindigkeit wurden über der Entladungsarbeit $A_{f_{ges}}$ die Oberflächenrauheit, der Werkstückabtrag pro Impuls, der Elektrodenverschleiß pro Impuls und der relative Elektrodenverschleiß für drei verschiedene Elektrodenwerkstoffe bei der Bearbeitung von Hartmetall K 10 aufgetragen. Bei den Werkzeugelektroden handelt es sich um Scheiben aus Grauguß, Elektrolytkupfer und Graphit.

Die Haupteinflußgrößen für die drei interessierenden Werte Abtrag, Verschleiß und Rauheit ist die Funkenarbeit. Im Bereich unter 0,5 Wsec steigt die Werkstückrauheit bei größer werdender Funkenarbeit stark an, während sie sich darüber nur noch verhältnismäßig wenig erhöht (Abb. 12).

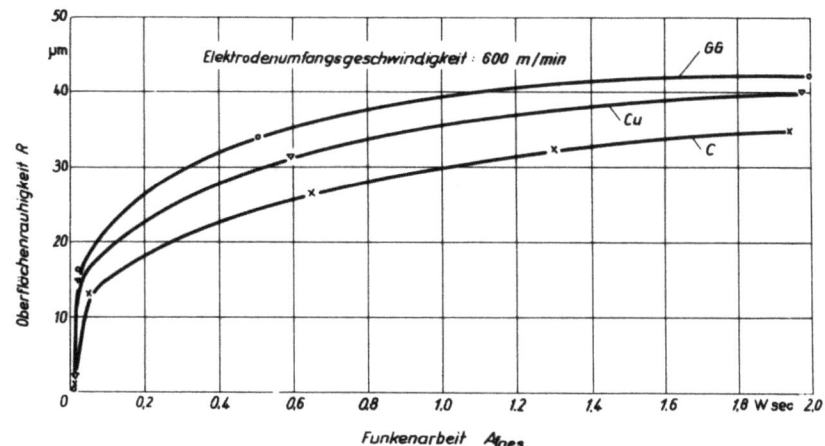

Abbildung 12

Oberflächenrauhigkeit von Hartmetall K 10 in Abhängigkeit von der Funkenarbeit bei verschiedenen Elektrodenwerkstoffen

Dagegen steigt der Werkstückabtrag mit größer werdender Entladungsarbeit progressiv an (Abb. 13). Diese verschiedenartigen Verhältnisse sind darauf zurückzuführen, daß mit Erhöhung der Funkenarbeit weniger die Funkenkratertiefe als der Kraterdurchmesser zunimmt. Ähnlich wie der Abtrag verhält sich der Scheibenelektrodenverschleiß (Abb. 14). Kupfer und Grauguß liegen mit ihren Kurven ähnlich. Kupfer erzeugt eine etwas bessere Oberflächenrauhigkeit als Grauguß und liegt im Werkstückabtrag entsprechend schlechter. Der relative Elektrodenverschleiß ist bei beiden Stoffen über der Funkenarbeit konstant (Abb. 15).

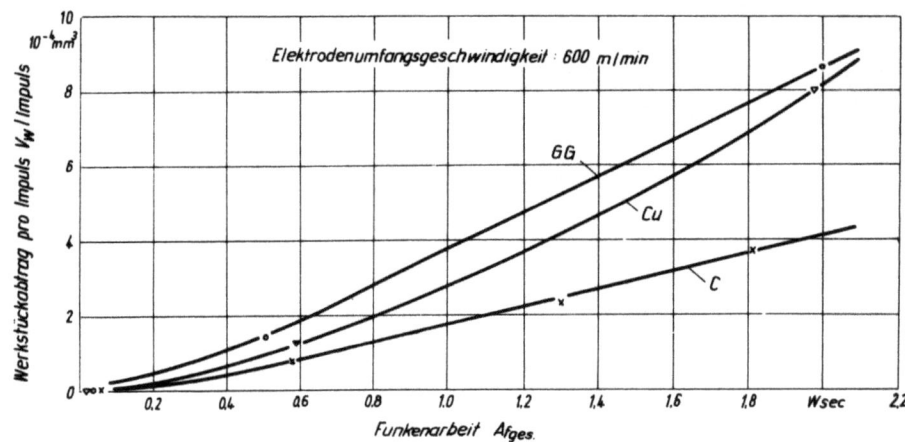

Abbildung 13

Werkstückabtrag pro Impuls bei Hartmetall K 10 in Abhängigkeit
von der Funkenarbeit bei verschiedenen Scheibenelektrodenwerkstoffen

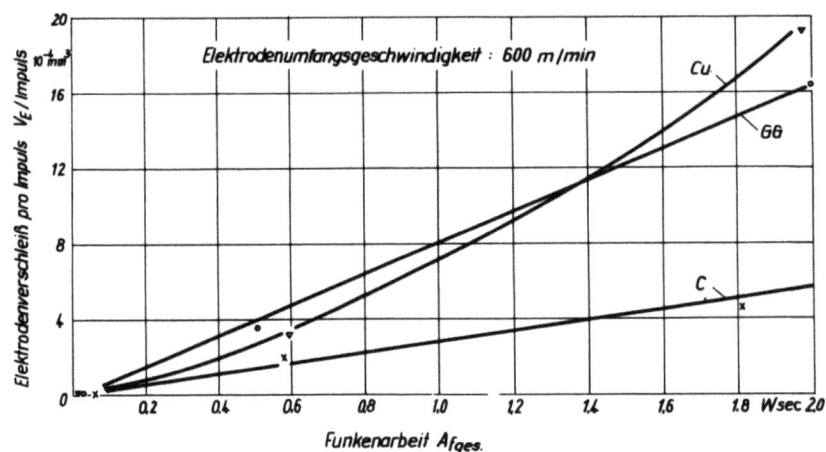

Abbildung 14

Elektrodenverschleiß pro Impuls in Abhängigkeit von der Funkenarbeit
bei der Bearbeitung von Hartmetall K 10 mit verschiedenen
Elektrodenwerkstoffen

Der Elektrodenwerkstoff Graphit zeigte ein etwas anderes Verhalten, und zwar bessere Oberflächengüte zusammen mit einem geringeren Werkstückabtrag und Elektrodenverschleiß gegenüber Grauguß und Kupfer. Der relative Elektrodenverschleiß ergab bei geringer Funkenarbeit etwas ungünstigere Werte, bei höherer Funkenarbeit jedoch bessere Werte als die beiden vorgenannten Stoffe.

Der Grund für die Unterschiede in der Wirkung des Elektrodenwerkstoffes ist sehr komplexer Natur. SOLOTYCH [3] gibt in der Hauptsache die Wärmekonstanten der Werkstoffe als Ursache für den verschiedenen Ablauf des Abtragsvorganges an, da dieser hauptsächlich thermisch bedingt ist.

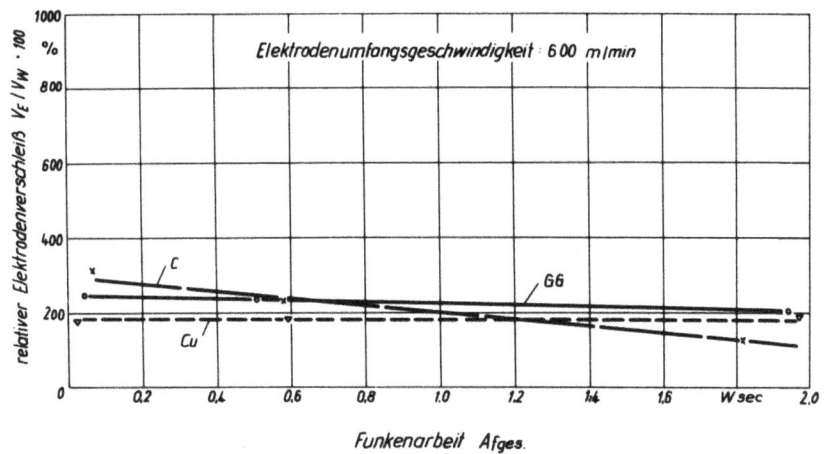

Abbildung 15

Abhängigkeit zwischen relativem Elektrodenverschleiß und Funkenarbeit bei der Bearbeitung von Hartmetall K 10 mit verschiedenen Scheibenelektrodenwerkstoffen

Betrachtet man z.B. die spezifische Wärme der drei Elektrodenwerkstoffe

Grauguß: 0,031 cal/g°C
Kupfer :   0,093 cal/g°C
Graphit: 0,21 cal/g°C

so stellt man in etwa eine Übereinstimmung mit der Lage der Kurven für Abtrag, Rauheit und Verschleiß fest. Graphit nimmt wesentlich mehr Energie zur Erwärmung auf als die beiden anderen Stoffe, so daß für den Abtrag am Werkstück ein entsprechend geringer Anteil der Entladungsenergie verbleibt. Dies bestätigt auch ein Vergleich der Schmelztemperaturen

Grauguß: 1200°C
Kupfer :   1058°C
Graphit: 3500°C

wodurch der wesentlich flachere Verlauf der Kurve für den Elektrodenverschleiß pro Impuls bei Graphit zu erklären ist.

4.22 Abtragsleistung bei verschiedenen Werkstückstoffen

Ähnliche Zusammenhänge treffen auch zu, wenn ein Elektrodenwerkstoff zur Bearbeitung verschiedener Werkstückstoffe eingesetzt wird. Bei dem Elektrodenwerkstoff Graphit und den Hartmetallen der Zerspanungs-

anwendungsgruppen K 10, K 40, P 20 und P 30 ist der Abtrag pro Impuls
bei größerer Funkenarbeit unterschiedlich (Abb. 16). Die Lage der Kurven
für die einzelnen Hartmetalle stimmt hier mit der Tendenz der Wärmeleitfähigkeit der Hartmetalle überein. Für kleinere Funkenarbeiten liegen
die Unterschiede innerhalb der Meßungenauigkeit, so daß keine gesicherte
Aussage möglich ist.

Hartmetall der Anwendungsgruppe	Wärmeleitfähigkeit [cal/cm °C]
P 20	0,08
P 30	0,14
K 40	0,16
K 10	0,19

Die beim Entladungsvorgang auftretende Wärme wird bei dem Hartmetall
P 20 wesentlich schlechter abgeleitet als bei K 10, so daß ein größerer
Anteil der Wärme in der Oberflächenschicht für den eigentlichen Abtrag
ausgenutzt.

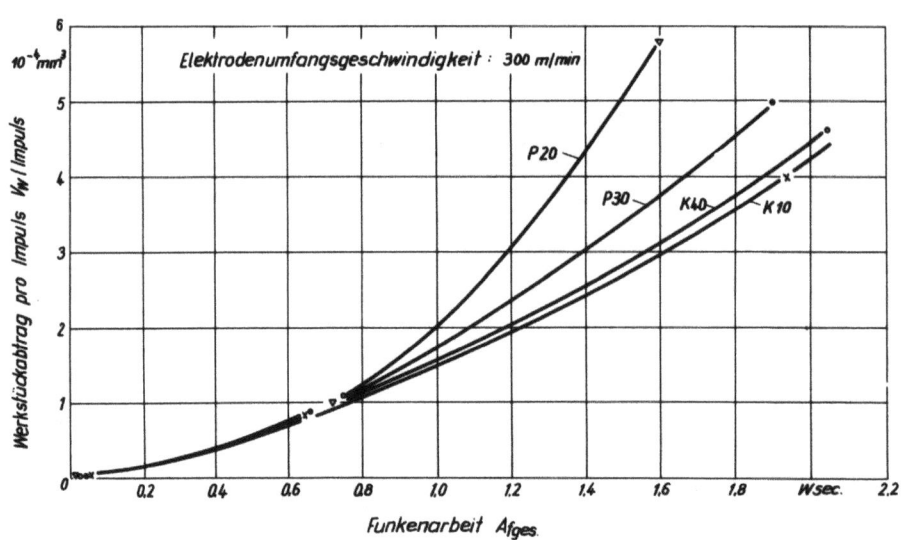

A b b i l d u n g 16
Werkstückabtrag pro Impuls an verschiedenen Hartmetallsorten
in Abhängigkeit von der Funkenarbeit bei dem Scheibenelektrodenwerkstoff Graphit

Eine Bekräftigung dieser Erklärung für diese Verhältnisse ergibt sich
aus dem Gefügeaufbau der Werkstoffe. Die P-Sorten enthalten neben dem
Hauptbestandteil Wolframkarbid noch einen Anteil Titankarbid, und zwar
hat P 20 etwa 15 % TiC, P 30 etwa 7 % TiC. Bei den K-Sorten entfällt
der Titankarbidzusatz. Nach KIEFFER-SCHWARZKOPF [4] liegt der Schmelz-

punkt für Wolframkarbid höher (etwa 2800°C) als der von Mischkarbidlegierungen (etwa 2400°C bei 6 Gew.-% Titankarbid), so daß bei den K-Sorten eine größere Wärmeenergie benötigt wird als bei den P-Sorten, um die gleiche Abtragsleistung zu erhalten.

Die ermittelten Oberflächenrauhigkeiten zeigten im untersuchten Bereich keine nennenswerten Unterschiede bei den verschiedenen Werkstückstoffen.

5. Profilbearbeitung durch funkenerosives Schleifen

Die im folgenden behandelte funkenerosive Profilbearbeitung entspricht kinematisch dem herkömmlichen Flachformschleifen. Bei der Erzeugung eines Profils im Werkstück bewirken folgende Einflußgrößen eine Veränderung der durch das Scheibenprofil vorgegebenen Form und Abmessung:

1. der Bearbeitungsspalt α
2. der Verschleiß der Scheibenelektrode V_E

Um die Wirkung jeder der beiden Größen gesondert erfassen zu können, muß von bestimmten vereinfachenden Voraussetzungen ausgegangen werden. Im folgenden sollen die durch diese Größe hervorgerufenen Maßänderungen am Werkstück in bezug auf die gewünschten Fertigmaße betrachtet werden.

5.1 Berücksichtigung des Bearbeitungsspaltes beim Profilieren der Scheibenelektrode

Der Bearbeitungsspalt α hat nach Abbildung 17 eine Maßänderung am Werkstück zur Folge. Seine Größe ist abhängig von der Überschlagspannung U_o, die durch den Sollwert der Vorschubregelung eingehalten wird. Beim

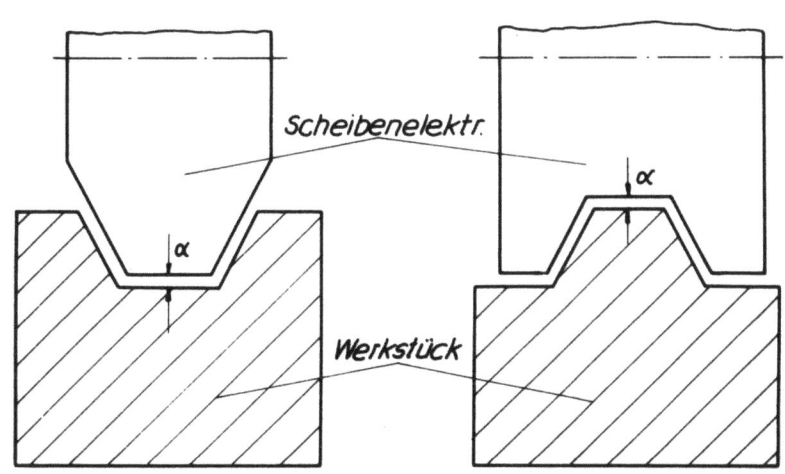

Abbildung 17

Maßänderung am Werkstück durch Bearbeitungsspalt α

funkenerosiven Profilschleifen besteht die Möglichkeit, bei der zur Zustellrichtung senkrechten Konturlinie die Größe des Bearbeitungsspaltes α im Betrag der Zustellung zu berücksichtigen. Die Profiltiefe im Werkstück ergibt sich dann aus der Zustellung a, vergrößert um den Bearbeitungsspalt α.

Für die zur Zustellrichtung geneigten Konturlinien muß das Scheibenprofil korrigiert werden. Die geometrischen Zusammenhänge sind in Abbildung 18 erläutert. Wird die Scheibenelektrode mit dem Fertigprofil des Werkstückes um einen Betrag a zugestellt, so stellt sich an der senkrecht zur Zustellrichtung gelegenen Konturlinie der Abstand α und an der geneigten Konturlinie der Abstand α' ein. Um an der geneigten Konturlinie ebenfalls den Abstand α (Bearbeitungsspalt) zu erhalten, muß die geneigte Konturlinie an der Scheibenelektrode um den Betrag k zurückgenommen werden.

$$k = \alpha (1 - \sin \tau) \qquad (13)$$

Dabei ist τ der Neigungswinkel der Konturlinie gegenüber der Zustellrichtung. Die Abmaßveränderung nimmt mit kleiner werdendem Neigungswinkel τ zu.

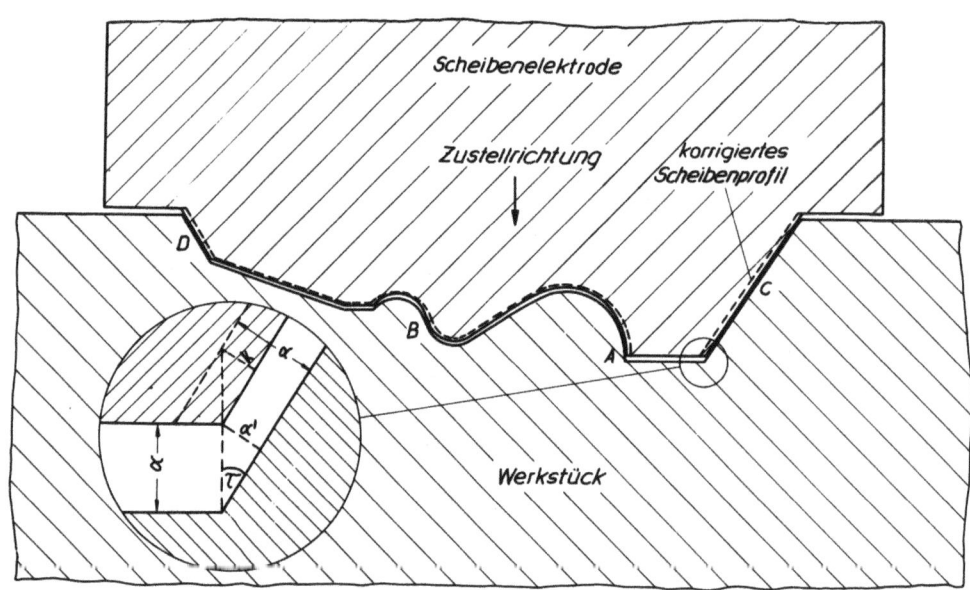

Abbildung 18
Korrektur des Scheibenprofils zur Berücksichtigung
des Bearbeitungsspaltes

In Abbildung 18 ist das korrigierte Scheibenprofil gestrichelt mit eingezeichnet, um die Abhängigkeit der Korrektur vom Neigungswinkel, insbesondere an den Stellen A, B, C und D, deutlich zu machen.

5.2 Maßänderung durch Verschleiß der Scheibenelektrode

Der Verschleiß V_E der Scheibenelektrode wirkt sich als Durchmesserverringerung aus. Dies hat eine Änderung der durch die Zustellung a vorgegebenen Schleiftiefe während eines Überlaufs zur Folge.

Die Durchmesserverringerung erzeugt eine auf die Länge des Werkstückes bezogene Steigung. Diese Steigung g ergibt sich aus der Radiusabnahme Δr der Scheibenelektrode und dem Vorschubweg l zu:

$$g = \frac{\Delta r}{l} \cdot 100 \quad [\%] \tag{14}$$

Die Ermittlung von Δr erfolgt unter der vereinfachenden Annahme, daß

$$\Delta r \ll d \quad \text{ist.}$$

Dann gilt

$$v_W = \left(h \cdot l - \frac{\Delta r \cdot l}{2} \right) \cdot b \tag{15}$$

$$v_E = \pi d \cdot \frac{\Delta r}{2} \cdot b = \vartheta \cdot v_W = \vartheta \left(h \cdot l - \frac{\Delta r \cdot l}{2} \right) \cdot b \quad . \tag{16}$$

Daraus folgt:

$$\Delta r = \frac{2\vartheta \cdot h \cdot l}{2\pi d + \vartheta \cdot l} \quad . \tag{17}$$

In Gleichung (14) eingesetzt:

$$g = \frac{2\vartheta \cdot h}{2\pi d + \vartheta \cdot l} \cdot 100 \quad [\%] \quad . \tag{18}$$

In Tabelle 1 sind für ein Beispiel einige Werte für verschiedene Scheibendurchmesser und vier Bearbeitungsstufen angeführt. Mit einer Graphitscheibenelektrode wurde von einem Werkstück aus Hartmetall K 40 ein Gesamtvolumen von 1000 mm^3 abgetragen. Das Gesamtvolumen setzte sich zusammen aus Werkstücklänge l = 100 mm, -breite b = 10 mm und -höhe h = 1 mm.

Der Gesamtabtrag v_{wges} von 1000 mm^3 wurde durch entsprechende Aufteilung der Gesamtzustellung so auf die vier Bearbeitungsstufen verteilt, daß bei der gröbsten Stufe etwa 90 % des Volumens abgetragen wurde. Für jede weitere Bearbeitungsstufe wurde der Volumenanteil so gewählt, daß zumindest die Rauheit und Formfehler der vorhergehenden Stufe beseitigt wurden.

Tabelle 1

Bearbeitungsfehler beim funkenerosiven Schleifen
von Hartmetall K 40 mit Graphitscheibe

		Funkenarbeit A_{fges} der Bearbeitungsstufen			
		2,0 Wsec	0,6 Wsec	0,05 Wsec	0,0003 Wsec
1	$\dfrac{v_w}{v_{wges}} \cdot 100\,\%$	90	6	3	1
2	$\vartheta = \dfrac{V_E}{V_W}$	0,60	3,0	3,8	4,0
3	$g\,\%$ für 270 ∅	0,060	0,020	0,012	0,004
4	für 230 ∅	0,069	0,024	0,015	0,005
5	für 190 ∅	0,083	0,029	0,018	0,006
6	für 150 ∅	0,103	0,036	0,022	0,008

Eine Betrachtung der Ergebnisse zeigt, daß trotz hohen Gesamtverschleißes in den einzelnen Arbeitsstufen (Zeile 2) die Maßabweichungen relativ gering sind, da sich der Verschleiß über den gesamten Scheibenumfang verteilt. Außerdem zeigen die Zeilen 3 bis 6, daß sich mit größer werdendem Scheibendurchmesser die durch den Verschleiß verursachte Maßänderung verringert.

Geht man vom Flachschliff zum Profilschliff über, so ist die wichtigste Voraussetzung, daß beim Einlaufen der Scheibenelektrode in das Werkstück bis zum Erfassen der gesamten Profilkontur, d.h. bis die Scheibenmitte über Werkstückanfang steht, die Entladungsdichte konstant gehalten wird. Andernfalls führt die pro Flächeneinheit zu hohe Funkenleistung zu höheren Verschleißwerten an den tiefsten Stellen h_{max} des Profils, und es ergeben sich starke Profilverzerrungen.

Der größte zu erwartende Fehler ergibt sich aus der maximalen Steigung g_{max}.

Die Abhängigkeit des Wertes q von der Profilhöhe h wirkte sich so aus, daß z.B. der Neigungswinkel einer Konturgeraden des Profils mit abnehmender Profilhöhe verkleinert oder ein Kreisbogen zur Ellipse verzerrt wird.

5.3 Profilverzerrung des Werkstückes

In Abbildung 19 sind die Ausgangskontur einer Graphitscheibe und das erzeugte Profil eines Werkstückes aus Hartmetall K 40, das bei einer Funkenleistung von 2 Wsec in einem Durchgang bearbeitet wurde, gegenübergestellt. Der Gesamtabtrag betrug 1450 mm^3. Die Profilverzerrungen am Werkstück (ausgezogen) gegenüber der Ausgangskontur der Scheibe (gestrichelt) sind deutlich zu erkennen. Bei A und B überwiegt der Einfluß des Bearbeitungsapaltes infolge der steilen Konturlinie. Bei E, C und F

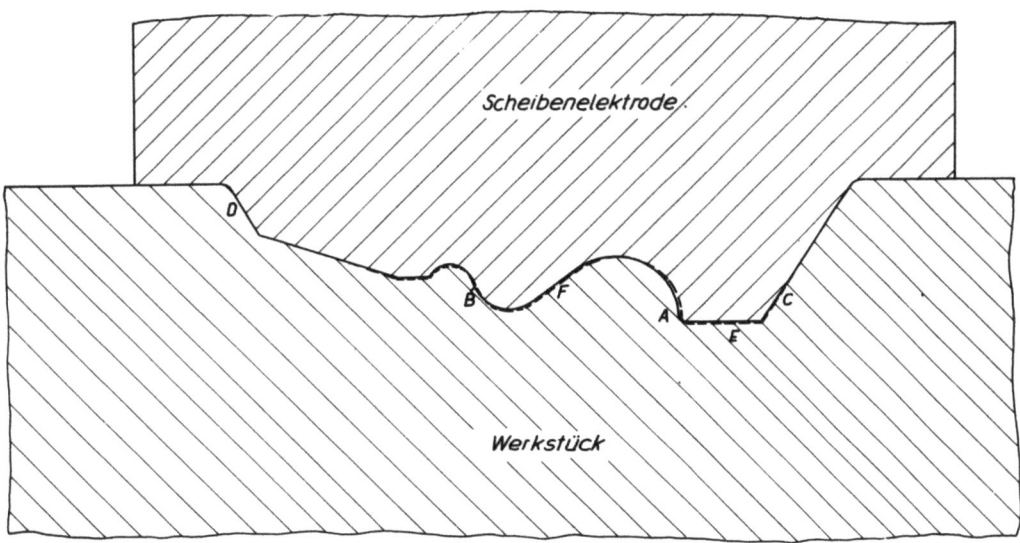

Abbildung 19
Maßveränderungen bei einem Werkstück aus Hartmetall K 10
nach der Funkenerosion-Bearbeitung mit einer Graphitscheibenelektrode

ergibt sich eine zu geringe Profiltiefe des Werkstückes infolge des größeren Scheibenverschleißes an den tiefsten Stellen des Profils. Die größte Abweichung ergab sich bei A mit etwa 0,25 mm. Für die anderen, feineren Bearbeitungsstufen lagen die Maßveränderungen im Bereich unter 0,1 mm, jedoch konnte der Fehler der Grobbearbeitung bei A durch die nachfolgende Feinbearbeitung nicht völlig beseitigt werden, da es sich hier um ein fast senkrechtes Linienstück handelt.

Aus den Erörterungen über die Maßveränderungen läßt sich folgern, daß der zu erwartende Fehler bei der Herstellung des Scheibenprofils sowie beim Aufspannen des Werkstückes und bei der Zustellung berücksichtigt werden muß. Bei senkrechten Konturen ist dabei für jede Bearbeitungsstufe eine gesonderte Schablone erforderlich.

6. Funkenerosives Schleifen von Hartmetallwerkzeugen

Neben dem Profilschleifen liegt eine weitere Anwendungsmöglichkeit der Funkenerosion in der Aufbereitung von hartmetallbestückten Werkzeugen [5, 6, 7]. Die Untersuchungen auf diesem Gebiet erstrecken sich einmal auf die fertigungstechnischen Möglichkeiten und sollen zum anderen Aussagen über das Standzeitverhalten derart aufbereiteter Werkzeuge liefern.

Ein funkenerosiv geschliffener, hartmetallbestückter Drehmeißel ist in Abbildung 20 dargestellt.

A b b i l d u n g 20
Funkenerosiv aufbereiteter Hartmetall-Drehmeißel

6.1 Aufbereitung von Hartmetallwerkzeugen

Die Forderung nach einer möglichst großen Arbeitsfläche am Werkstück zur Erzielung optimaler Abtragsleistungen läßt beim funkenerosiven Aufbereiten von Drehmeißeln die Profilbearbeitung günstig erscheinen, indem die Freiflächen von Haupt- und Nebenschneide gleichzeitig angeschliffen werden. Die Gefahr der thermischen Überbeanspruchung des Hartmetalles tritt bei sachgemäßer Wahl der Arbeitsbedingungen bei der Funkenerosion nicht auf. Ein gleiches Vorgehen beim normalen Werkzeugschleifen stößt auf folgende Schwierigkeiten: Das Vorschruppen der Hartmetall-Drehmeißel im Formschliff ist wegen des großen Verschleißes der Siliziumkarbidscheibe und der Abrichtschwierigkeiten wirtschaftlich nicht möglich, ganz abgesehen davon, daß ein derartig großflächiger Angriff des Hartmetalls bei normalem Schleifen in den meisten Fällen zu Wärmerissen führt. Formschleifen in der oben beschriebenen Weise mit Diamantscheiben ist aus ähnlichen Erwägungen nicht möglich. Hinzu kommt, daß sich Diamantscheiben praktisch nicht abrichten lassen und außerdem die Kosten einer Diamantformscheibe sehr hoch liegen.

Für das funkenerosive Formschleifen der Freifläche von Drehmeißeln muß nun das Profil der Schleifscheibe und die Aufspannwinkel des Werkzeuges bestimmt werden, so daß die vorgeschriebene Schneidengeometrie erreicht wird. Die Aufspannwinkel für das Werkzeug sind dabei abhängig von den Freiwinkeln an Haupt- und Nebenschneide α_h und α_n sowie dem Einstellwinkel $\varkappa$ und dem Spitzenwinkel ε (Abb. 21).

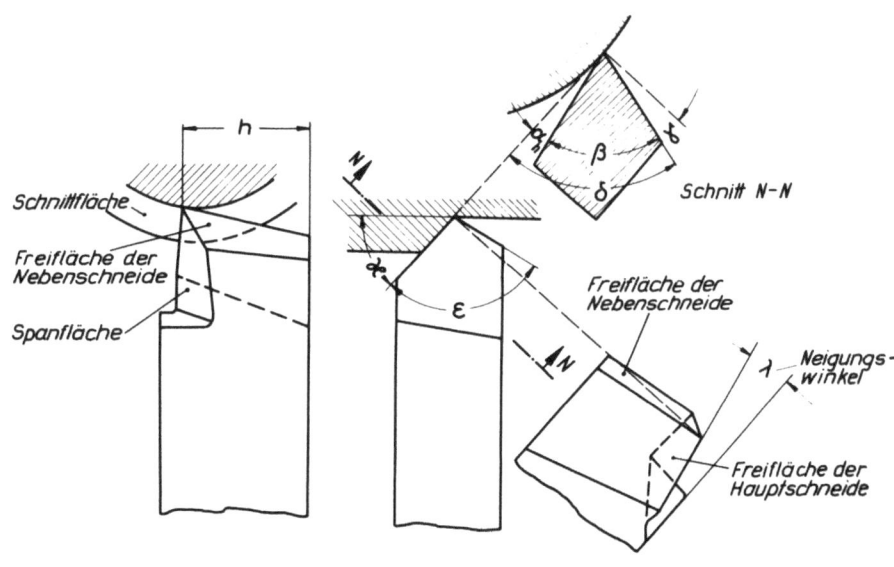

Abbildung 21
Winkel am Drehwerkzeug

Zum gleichzeitigen Anschleifen der Freiflächen muß das am Schaft eingespannte Werkzeug um die Achse AA um den Winkel σ und um die Achse BB um den Winkel ν geschwenkt werden (Abb. 22).

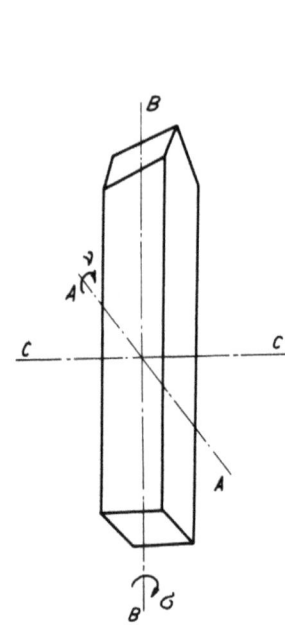
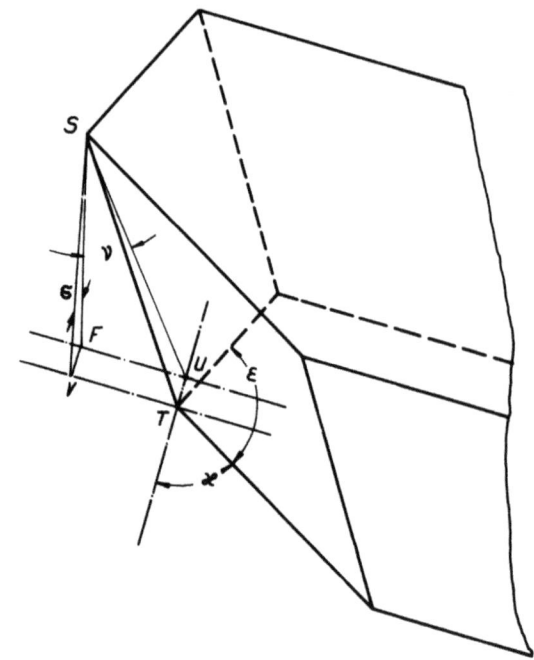

Abbildung 22

Abbildung 23
Korrekturwinkel für das Aufspannen von Drehmeißeln zu ihrer Aufbereitung

Nach Abbildung 23 lassen sich die beiden Schwenkwinkel ν und σ aus den Dreiecken F S U bzw. F S V berechnen.

Es ergibt sich:

$$\operatorname{tg}\nu = \frac{\operatorname{tg}\alpha_h \cdot \sin(\varkappa + \varepsilon) + \operatorname{tg}\alpha_n \cdot \sin\varkappa}{\sin\varepsilon} \tag{19}$$

und

$$\operatorname{tg}\sigma = \frac{\operatorname{tg}\alpha_h \cdot \cos(\varkappa + \varepsilon) + \operatorname{tg}\alpha_n \cdot \cos\varkappa}{\sin\varepsilon} \ . \tag{20}$$

Die Auswertung der beiden Formeln (19 und 20) für die Korrekturwinkel ν und σ ist in den Abbildungen 24 und 25 für den Fall, daß $\varepsilon = 90°$ und $\varkappa = 60°$ ist, dargestellt.

Das Bestimmen der Korrekturwinkel vereinfacht sich für den Fall gleicher Freiwinkel:

$$\alpha_h = \alpha_n = \alpha \tag{21}$$

zu

$$\tg \nu = \tg \alpha \; \frac{\sin(\varkappa + \varepsilon) + \sin \varkappa}{\sin \varepsilon} \quad . \tag{22}$$

und

$$\tg \sigma = \tg \alpha \; \frac{\cos(\varkappa + \varepsilon) + \cos \varkappa}{\sin \varepsilon} \quad . \tag{23}$$

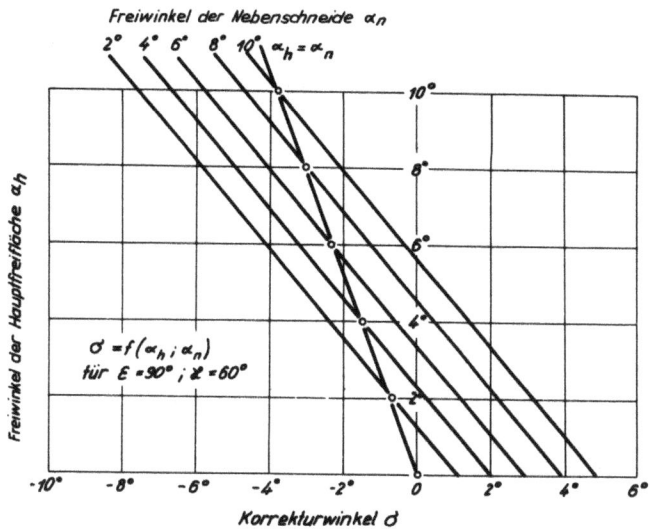

Abbildung 24

Korrekturwinkel σ in Abhängigkeit von den Freiwinkeln

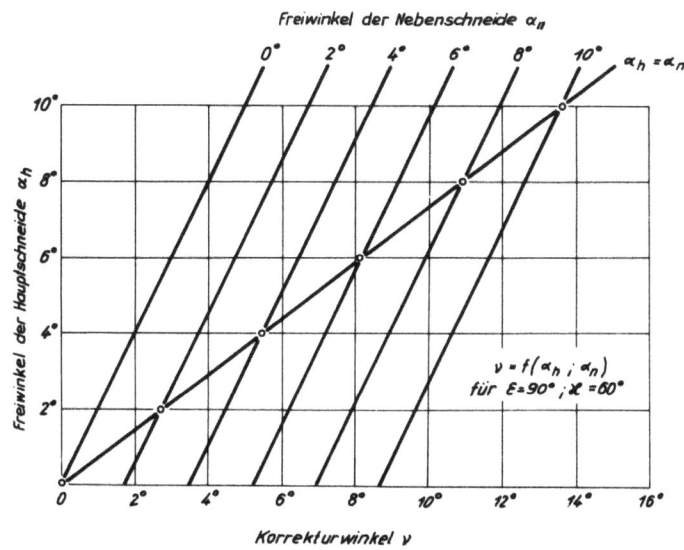

Abbildung 25

Korrekturwinkel ν in Abhängigkeit von den Freiwinkeln

Die sich für diesen Fall ergebende Gerade ist in den Diagrammen mit eingezeichnet. Weiterhin muß noch das Scheibenprofil entsprechend korrigiert werden, da das Profil in einem Schnitt senkrecht zu der Schnittkante der beiden Freiflächen berücksichtigt werden muß.

Durch Schwenken des Meißels um den Winkel ν ändert sich der Einstellwinkel zur Freifläche. Der entstehende Einstellwinkel $\varkappa'$ ergibt sich zu:

$$\operatorname{tg} \varkappa' = \frac{\sin \varkappa}{\cos \varkappa \cdot \cos \nu + \operatorname{tg} \alpha \cdot \sin \nu} \qquad (24)$$

Wird der Drehmeißel nun noch um den Winkel σ geschwenkt, so wird der Einstellwinkel zur Freifläche zu:

$$\operatorname{tg} \varkappa'' = \frac{\sin \varkappa - \operatorname{tg} \sigma \cdot \operatorname{tg} \alpha}{\cos \nu \cdot \cos \varkappa + \sin \nu \cdot \operatorname{tg} \alpha} \qquad (25)$$

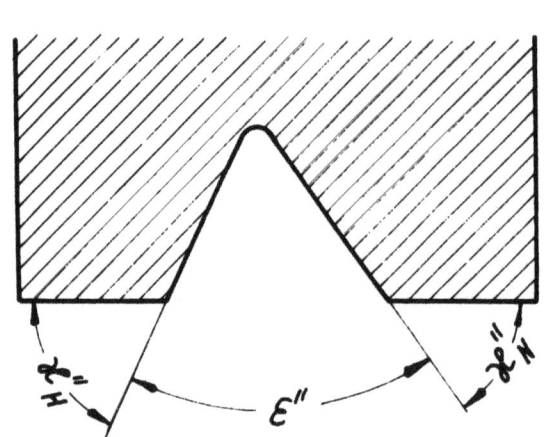

Aus nebenstehender Skizze ist ersichtlich, daß die Gleichung (25) in folgenden Formen zur Erzeugung des gewünschten Spitzenwinkels ε'' für das Scheibenprofil führt:

$$\operatorname{tg} \varkappa_h'' = \frac{\sin \varkappa_h - \operatorname{tg} \sigma \cdot \operatorname{tg} \alpha_h}{\cos \nu \cdot \cos \varkappa_h + \sin \nu \cdot \operatorname{tg} \alpha_h} \qquad (26)$$

$$\operatorname{tg} \varkappa_n'' = \frac{\sin \varkappa_n - \operatorname{tg} \sigma \cdot \operatorname{tg} \alpha_n}{\cos \nu \cdot \cos \varkappa_n + \sin \nu \cdot \operatorname{tg} \alpha_n} \qquad (27)$$

Nach dem Profilschliff der Freiflächen einschließlich Spitzenradius erfolgt die Bearbeitung der Spanfläche im Flachschliff.

6.2 Standzeituntersuchungen

Um zu untersuchen, welchen Einfluß die funkenerosive Aufbereitung auf die Standzeit der Werkzeuge ausübt, wurden Vergleichsversuche beim Drehen mit normal aufbereiteten und funkenerosiv geschliffenen Werkzeugen durchgeführt. Für beide Verfahren wurden jeweils die gleichen Werkzeuge verwendet. Die normale Aufbereitung erfolgte durch Vorschliff mit einer Silizium-Karbid-Segment-Scheibe (Körnung 50 H/B) und anschließendem Feinschleifen mit einer Diamantscheibe (Körnung 30 µm). Als Werkzeuge wurden gelötete Hartmetalldrehmeißel der Anwendungsgruppen P 10, P 20, P 30 und P 40 verwendet.

Die Schneidengeometrie war in allen Fällen gleich:

$$\alpha = 8° \qquad \varkappa = 60°$$
$$\gamma = 10° \qquad \varepsilon = 90°$$
$$\lambda = 4° \qquad r = 1 \text{ mm}$$

Der Spanquerschnitt betrug a · s = 2 · 0,25 mm².

Die funkenerosive Aufbereitung erfolgte unter den in Tabelle 2 angegebenen Bedingungen:

Tabelle 2

Bedingungen beim funkenerosiven Schleifen

	Entladungsdichte $\textcircled{H}$ $[\frac{W}{mm^2}]$	Oberflächenrauhigkeit R $[\mu m]$
1	0,05	2 - 4
2	0,2	7 - 10
3	0,4	15

Die hierbei erreichte Oberflächengüte ist ebenfalls mit angegeben. Beim Feinschleifen mit Diamant ergab sich eine Oberflächenrauheit von etwa 0,5 µm.

Die Versuche wurden an den Werkstoffen C 60 N, 100 Cr 6 und 16 Mn Cr 5 bei den in Tabelle 3 angegebenen Schnittgeschwindigkeiten durchgeführt. Die Schnittgeschwindigkeiten für die Hartmetalle P 10, P 20 und P 30 wurden so gewählt, daß sich eine Standzeit von etwa 20 bis 30 Minuten ergab.

Als Kriterium für die Standzeit der Drehmeißel wurden nach SCHALLBROCH und WALLICHS [8] der Verschleiß der Werkzeuge (Abb. 26) gemessen und als Vergleichswerte der Freiflächenverschleiß und der Kolkverschleiß herangezogen. Die Keilwinkelverringerung K als Maß für den Kolkverschleiß ist zu bestimmen aus Kolktiefe K_T in mm in der Kolkmitte und Kolkmittenabstand K_M in mm von der Schneidkante.

$$K = \frac{K_T}{K_M}.$$

T a b e l l e 3

Angewendete Schnittgeschwindigkeiten

Hartmetall	untersuchte Schnittgeschwindigkeiten
P 10	250 m/min
P 20	230 m/min
P 30	200 m/min
P 40	160; 100; 75; 60; 40 m/min

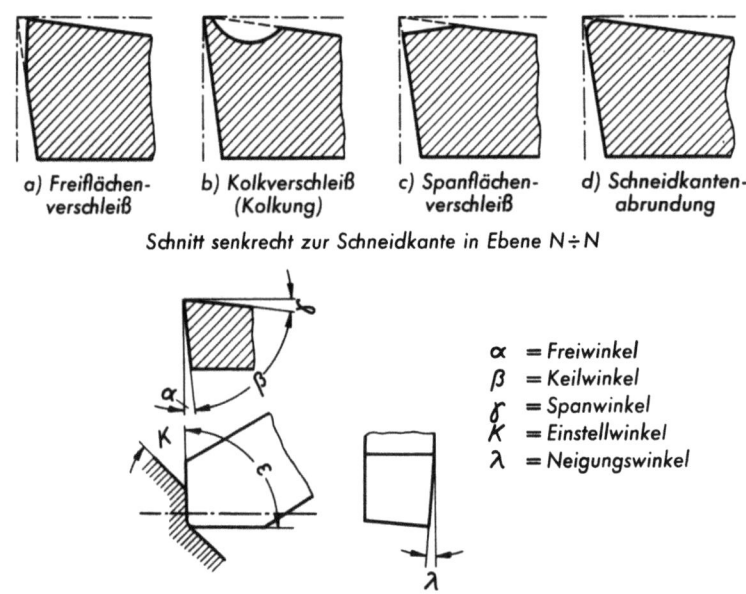

A b b i l d u n g 26

Verschleißformen an Zerspanungswerkzeugen

Das Messen der Verschleißmarkenbreite B erfolgte auf einem Werkstattmikroskop. K_T und K_M wurden durch ein registrierendes Oberflächenabtastgerät, System Leitz-Forster, erfaßt.

Die Verschleißarten "Schneidkantenabrundung" und "Spanflächenverschleiß" werden nach WEBER [9] hauptsächlich bei sehr geringen Vorschüben und niedrigen Schnittgeschwindigkeiten festgestellt. Sie traten bei den vorliegenden Versuchen nicht auf.

Auch der Kolkverschleiß spielte bei den beschriebenen Versuchsbedingungen eine untergeordnete Rolle. Bei der Zerspanung von 16 Mn Cr 5 war er kaum meßbar, bei C 60 N und 100 Cr 6 lag er bei Erreichen von B = 0,4 mm wesentlich unter K = 0,1, so daß der Kolkverschleiß bei der Bewertung der Standzeiten nicht als Kriterium verwendet werden konnte. Es wird im folgenden ausschließlich auf den Freiflächenverschleiß eingegangen.

Die ersten Vergleichsversuche wurden mit der Hartmetallsorte P 40 an C 60 N durchgeführt. Die Ergebnisse sind in Abbildung 27 dargestellt. Es ist die Verschleißmarkenbreite B über der Drehzeit T aufgetragen. Als Parameter tritt die Schnittgeschwindigkeit auf. Die starken Unterschiede zwischen den normal und den funkenerosiv aufbereiteten Meißeln sind durch den verschiedenen Verschleißablauf und die daraus resultierende bessere Standhaltigkeit der funkenerosiv geschliffenen Drehmeißel bedingt. In Abschnitt 6.3 wird hierauf näher eingegangen.

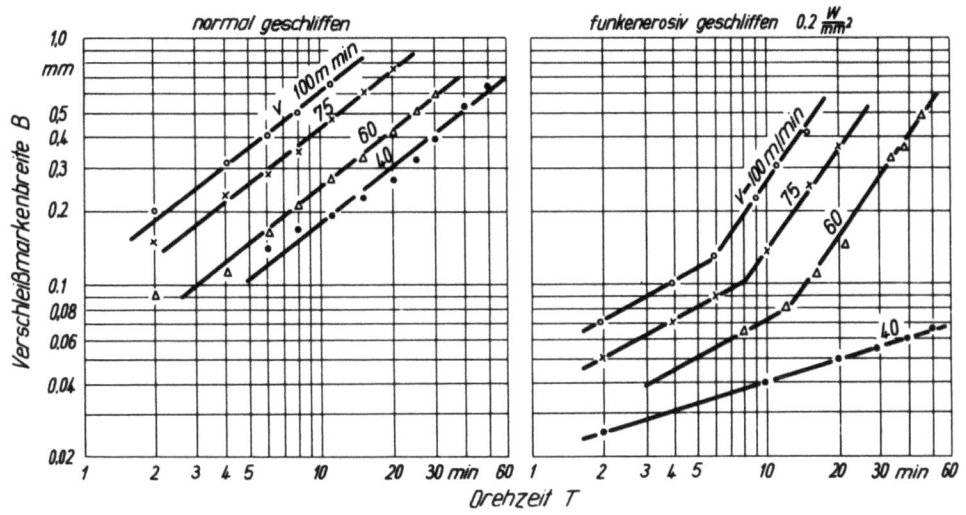

Abbildung 27

Standzeitvergleichsversuche mit normal und funkenerosiv feingeschliffenen Drehmeißeln

Die bemerkenswerte Standzeitverbesserung nach der funkenerosiven Aufbereitung ist in Abbildung 28 verdeutlicht. Ein Hartmetalldrehmeißel wurde funkenerosiv aufbereitet ($0,2 \frac{W}{mm^2}$) und anschließend mit einem normal feingeschliffenen Spitzenradius versehen. Nach einiger Zeit aus dem Schnitt genommen, wies die normal bearbeitete Zone einen wesentlich größeren Verschleiß auf als die funkenerosiv geschliffene.

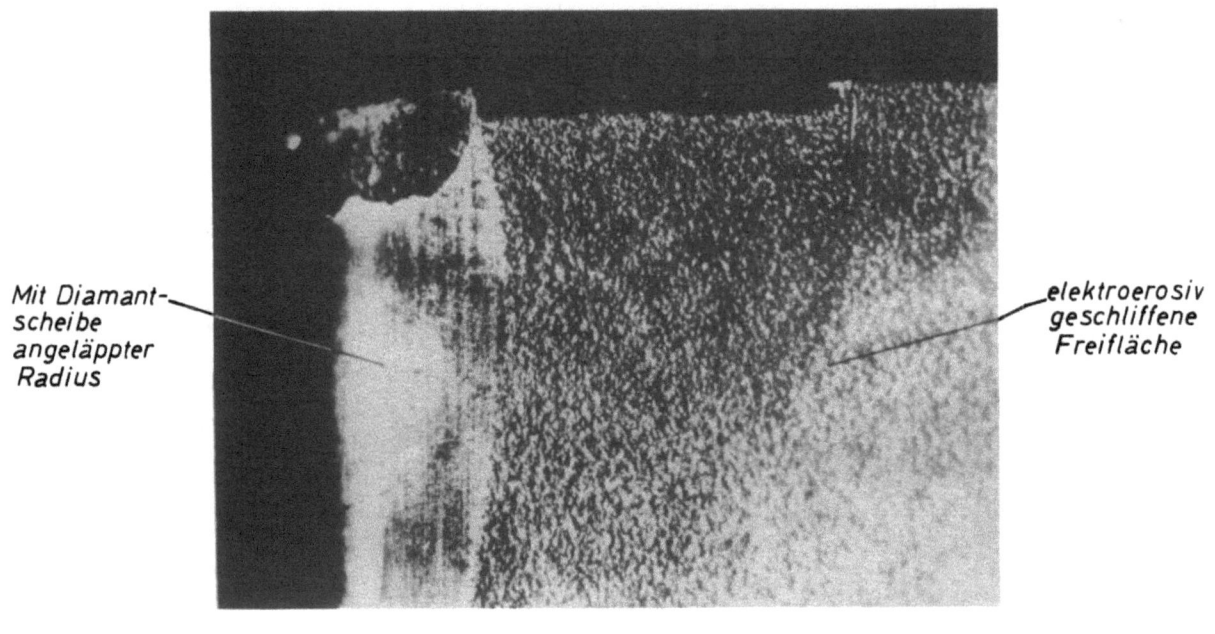

Abbildung 28
Verschleißmarkenbreite an einem teils normal,
teils funkenerosiv angeschliffenen Hartmetallmeißel (P 10)

Weiterhin wurden für die verschiedenen Hartmetalle die elektrischen Einstellbedingungen untersucht, die zu einer optimalen Standzeit der Werkzeuge führen.

Als Bezugsgröße diente hierbei die Entladungsdichte Θ , die sich aus der Funkenleistung, dividiert durch die Bearbeitungsfläche, ergibt. Es kamen die in Tabelle 2 erwähnten Entladungsdichten und als Scheibenelektrodenwerkstoff Kupfer zur Anwendung. In den Abbildungen 29 bis 32 sind die Ergebnisse der Standzeitversuche mit den so aufbereiteten Drehmeißeln dargestellt. Zum Vergleich ist jeweils der Mittelwert aus den Standzeiten von mindestens drei normal feingeschliffenen, unter den gleichen Bedingungen erprobten Drehmeißeln der gleichen Hartmetallsorte in Säulenform aufgetragen.

Für die Hartmetalle P 10 und P 30 liegt die höchste Standzeit bei der niedrigsten angewendeten Entladungsdichte ($0,05 \frac{W}{mm^2}$). Die Kurven fallen dann zu größerer Entladungsdichte hin stark ab. Die Standzeitverbesserung bei Anwendung der optimalen Entladungsdichte beträgt nur etwa 10 % gegenüber den normal geschliffenen Drehmeißeln bei P 10, während bei P 30 eine 40 % höhere Standzeit vorliegt. Bei den Hartmetallen P 20 und P 40 ergibt sich ein Maximum bei einer Entladungsdichte von etwa 0,2 W/mm^2. Die Standzeiterhöhung beträgt für P 20 über 30 %, für P 40 hingegen nur etwa 16 %.

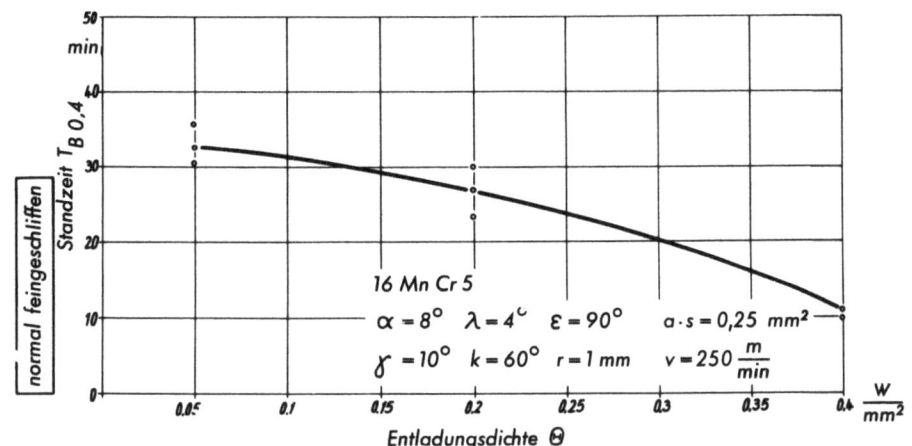

Abbildung 29

Standzeit T von funkenerosiv geschliffenen Drehmeißeln
(Hartmetall P 10) in Abhängigkeit von der Entladungsdichte Θ

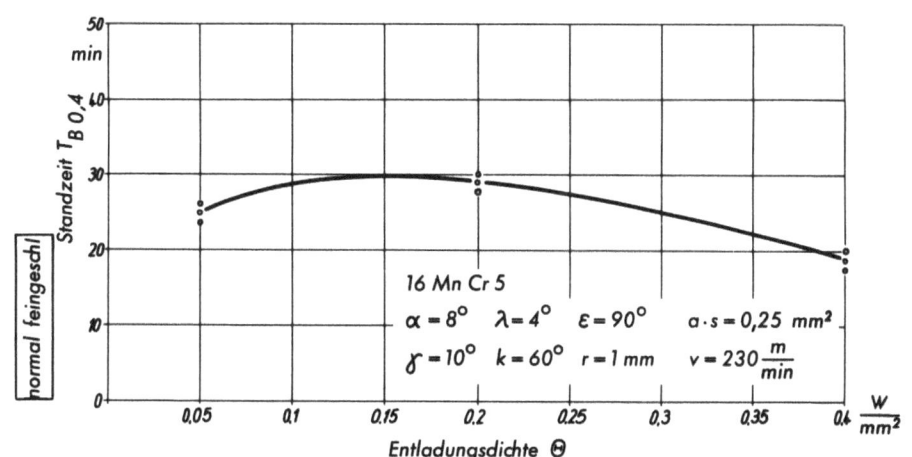

Abbildung 30

Standzeit T von funkenerosiv geschliffenen Drehmeißeln
(Hartmetall P 20) in Abhängigkeit von der Entladungsdichte Θ

Die absoluten Werte für die Standzeiterhöhung gelten selbstverständlich nur für die hier angewendeten Schnittbedingungen. Der Bereich der optimalen Entladungsdichte wird jedoch auch bei Veränderung der Schnittgeschwindigkeit erhalten bleiben. In Tabelle 4 sind die für die einzelnen Hartmetalle optimalen Werte der Entladungsdichte sowie die Bereiche angegeben, in denen sich eine mit normal aufbereiteten Werkzeugen zumindest vergleichbare Standzeit ergeben wird.

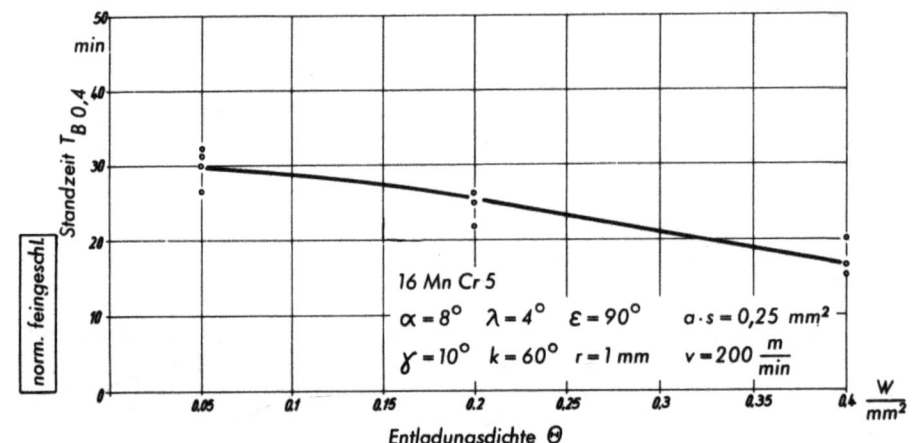

A b b i l d u n g 31

Standzeit T von funkenerosiv geschliffenen Drehmeißeln
(Hartmetall P 30) in Abhängigkeit von der Entladungsdichte Θ

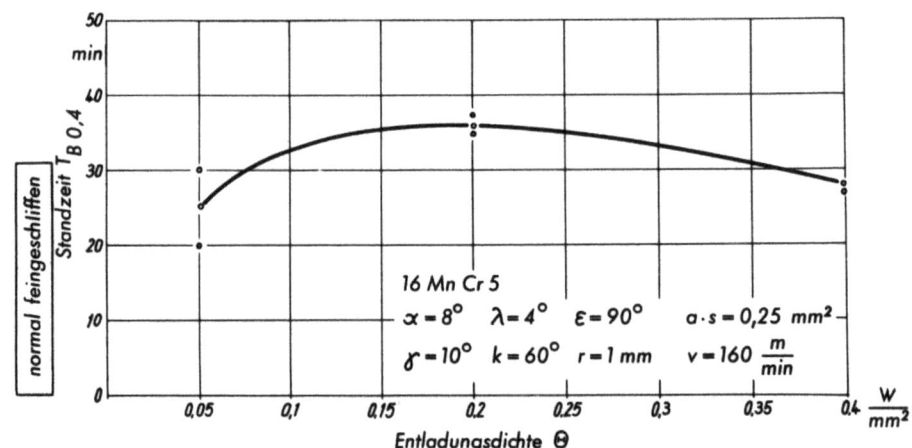

A b b i l d u n g 32

Standzeit T von funkenerosiv geschliffenen Drehmeißeln
(Hartmetall P 40) in Abhängigkeit von der Entladungsdichte Θ

Tabelle 4

Hartmetall-bestückung	optimale Entladungs-dichte Θ [$\frac{W}{mm^2}$]	Standzeit-erhöhung [%]	anwendbare Entla-dungsdichte Θ [$\frac{W}{mm^2}$]
P 10	0,05	10	0,05 - 0,15
P 20	0,15	30	0,05 - 0,35
P 30	0,05	40	0,05 - 0,30
P 40	0,20	16	0,10 - 0,35

6.3 Auswirkung der Oberflächenbeeinflussung durch funkenerosives Schleifen auf die Standzeit

Bemerkenswert ist der Umstand, daß bei P 20 und P 40 auch die mit hoher Entladungsdichte ($0,4 \frac{W}{mm^2}$) bearbeiteten Drehmeißel noch im Bereich der Standzeit der normal geschliffenen Drehmeißel liegen, obwohl ihre Oberflächenrauhigkeit (15 μ) wesentlich höher liegt als die der normalen Meißel. Diese Erscheinung dürfte nur zum Teil darin begründet sein, daß die Schneidenschartigkeit der funkenerosiv aufbereiteten Drehmeißel im Vergleich zur Rauhigkeit der Frei- und Spanfläche relativ gesehen geringer ist als bei normal feingeschliffenen Werkzeugen. Dies sei an Abbildung 33 erläutert. Hierbei wurden die Span- und Freifläche und außerdem mit einer spatenförmig angeschliffenen Tastnadel die Schneidkante des Meißels abgetastet, und zwar in der Weise, daß die Kante der Nadel senkrecht zur Schneidkante des Werkzeuges stand. In der oberen Hälfte der Abbildung sind die entsprechenden Schriebe eines normal feingeschliffenen Drehmeißels der Hartmetallsorte P 40 zu sehen, in der unteren Hälfte die eines funkenerosiv mit einer Entladungsdichte von $0,1 \frac{W}{mm^2}$ bearbeiteten Drehmeißels der gleichen Hartmetallsorte. Neben dem großen Rauhigkeitsunterschied zwischen den beiden Aufbereitungsarten ist der Vergleich der Kantenrauhigkeit zur zugehörigen Flächenrauhigkeit interessant. Während die Schartigkeit der Kante bei dem feingeschliffenen Drehmeißel größer ist als die Rauheit von Span- und Freifläche, ist bei dem erosiv geschliffenen Werkzeug die Schartigkeit geringer als die Rauhigkeit der Flächen. Diese Tatsache wurde für alle vorliegenden Hartmetallsorten in gleicher Weise gefunden.

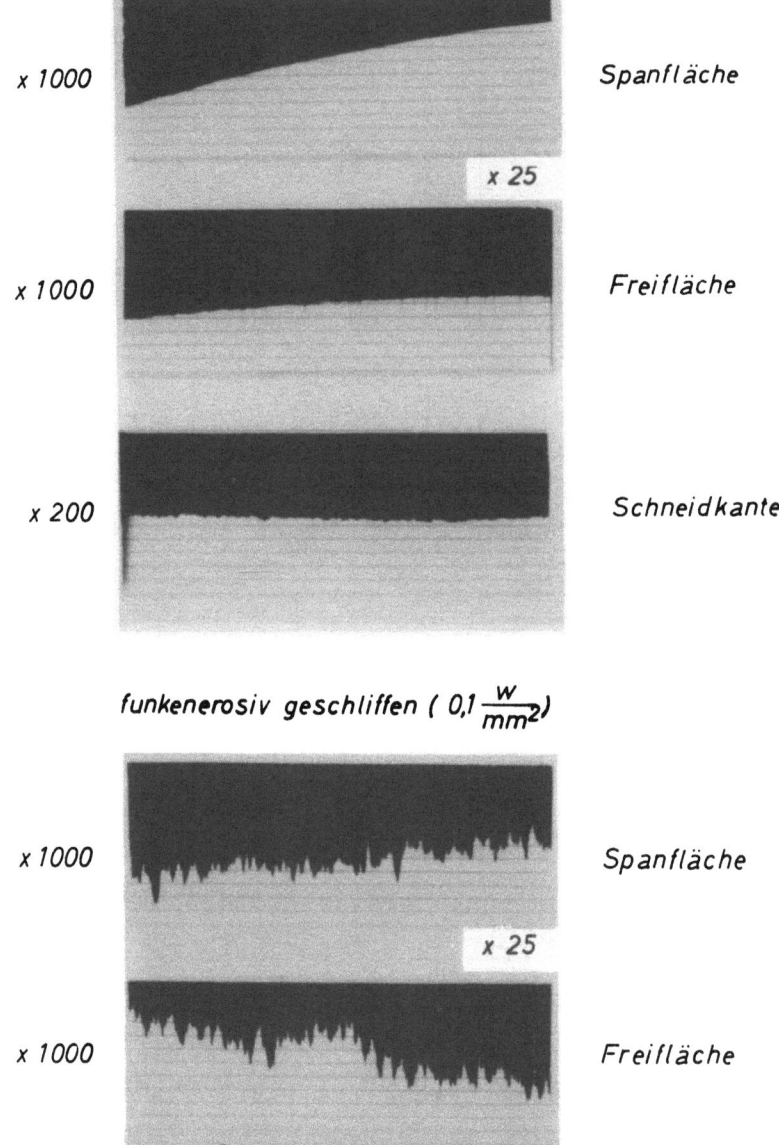

Abbildung 33

Vergleich der Schneidkanten eines normal feingeschliffenen Drehmeißels der Hartmetallsorte P 40 mit einem funkenerosiv aufbereiteten gleicher Sorte

Der Grund hierfür wird in der unterschiedlichen Entstehungsform der Rauhigkeit zu suchen sein. In dem einen Fall handelt es sich um den Auslauf der Riefen auf der Schneidkante, im anderen Fall um das Zusammentreffen der Funkenkrater auf der Kante. In letzterem Fall ist ein Aufbau von Spitzen an der Schneidkante nicht möglich, da die Oberflächenschicht immer wieder miteinander verschmilzt.

Von wesentlich größerem Einfluß auf den Verschleißwiderstand der Hartmetalldrehmeißel ist nach den im folgenden beschriebenen Untersuchungen die Wirkung der Funkenentladungen auf die Oberflächenschichten.

Wie bekannt, geschieht der Abtragsvorgang bei der Funkenerosion durch örtlich auf sehr kleine Flächenteilchen begrenzte und zeitlich sehr kurze Schmelz- und Verdampfungserscheinungen. Es ist leicht verständlich, daß bei den dabei auftretenden hohen Temperaturen (sie liegen weit über dem Schmelzpunkt der vorliegenden Werkstoffe) Diffusions- und Umwandlungsvorgänge im Schneidstoff auftreten können. So geben J. HINNÜBER und O. RÜDIGER [10] beim Auftreffen der Funken im Werkstoff entstehende Wärmespannungen als Grund für den Abtrag bei der Elektroerosion an. Sie fanden außerdem, daß nicht nur das Bindematerial Kobalt, sondern auch die Wolfram-Karbide geschmolzen und letztere in hexagonales und kubisch flächenzentriertes Diwolframkarbid (W_2C) übergegangen waren. Zu den gleichen Ergebnissen kam K. GANSER [11]. Er stellte durch Röntgenfeinstrukturuntersuchungen fest, daß nach der funkenerosiven Bearbeitung von Hartmetall in der sich bildenden Randzone kein WC und Co mehr in reiner Form vorlag, dafür aber α-W_2C und dessen Verbindungen mit Co, nämlich Co_4W_2C auftrat. Auch CoO als Hochtemperatur-Modifikation und das Oxyd CuO des Werkzeugelektrodenstoffes war in der Zone zu finden. Weitere Deutungen von vorliegenden Komplexverbindungen waren nicht möglich, da die Röntgenkartei für diese Stoffe mit zu großer Unsicherheit behaftet war.

O. RÜDIGER und A. WINKELMANN [12] stellten zur Klärung der Umwandlungsvorgänge Versuche beim funkenerosiven Bohren von Weicheisen mit Cu-Elektroden in Sangajol (Testbenzin) an. Sie fanden keine einwandfreie Deutung für die entstehende Struktur. Klar nachweisbar war die Cu-Aufnahme im Werkstückstoff. Es zeigte sich ein Abschreckgefüge von Fe-Cu-Mischkristallen. Weiterhin erklärten sie die Aufkohlung des Werkstoffes mit Freiwerden von elementarem Kohlenstoff beim Durchschlag des Funkens durch das Dielektrikum (Testbenzin). Jedoch bildete sich kein Fe_3C oder Martensit. Für die elektroerosive Bearbeitung von Hartmetall fanden sie ebenfalls Diwolframkarbidbildung und intermetallische Verbindungen mit Co.

P.J. DJATSCHENKO [13] gibt als Maßnahmen zur Verfestigung von Werkzeugschneiden das elektroerosive Aufbringen einer monolithischen Schicht aus Karbidverbindungen an. Durch die Einwirkung der Funken vergrößerte sich das spezifische Volumen der oberen Metallschicht. Die dadurch auftretenden Spannungen im Schneidstoff wirkten dem Verschleiß entgegen.

Faßt man die Meinung der verschiedenen Forscher zusammen, so lassen sich als wesentliche Erkenntnisse über die Wirkung der Funkenerosion auf die Oberflächenschicht von Hartmetall folgende Punkte anführen:

1. Bildung einer Randzone, hauptsächlich bestehend aus den im Vergleich zu WC härteren Diwolframkarbiden und harten aber auch spröden Metalloxyden

2. Eindiffundieren von Kohlenstoff in das Hartmetallgefüge.

3. Aufnahme von Elektrodenwerkstoff in das Gefüge

4. Bildung von Restspannungen in dieser Zone.

Zur Ergründung des Zusammenhanges zwischen der entstehenden Oberflächenschicht und dem Standzeitverhalten von verschieden geschliffenen Hartmetalldrehmeißeln wurden Härteuntersuchungen an den Werkzeugen durchgeführt.

Da es sich bei dem Verschleißvorgang am Drehmeißel in der Hauptsache um eine Materialbeanspruchung von der Oberfläche her handelte, wurden die Härteeindrücke analog zu der Richtung des Verschleißwachstums in die Oberfläche eingebracht. Es soll dadurch das Aufeinanderwirken der verschiedenen Schichten der beeinflußten Randzone in seiner Summenwirkung erfaßt werden. Die Tiefe, bis zu der man Eindrücke einbringen kann, ist bei der Kleinlasthärteprüfung von Hartmetall allerdings auf etwa 15 μm begrenzt. Wie jedoch die nachstehende Skizze zeigt, erlauben

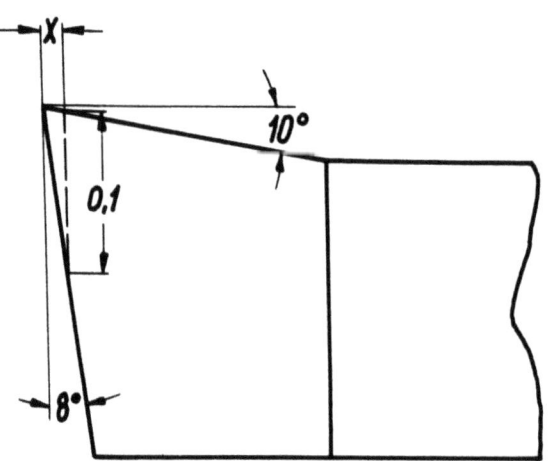

Kenntnisse über die Härte bis zu dieser Tiefe schon Schlüsse auf das Verschleißverhalten. Denn bis zur Verschleißmarkenbreite von ungefähr B = 0,1 mm liegt noch die durch die Eindrücke erfaßbare Schicht vor, da $x = B \cdot tg\alpha = 0,1 \cdot tg\ 8° = 0,014$ mm ist. Hat z.B. für einen bestimmten Schneidstoff mit einer Schichtdicke von 15 μm die

Verschleißmarkenbreite den Wert 0,1 mm überschritten, so sind von der Schneidkante her immer mehr freiwerdend die weicheren Schichten dem Verschleiß ausgesetzt. Ist die Schichtdicke größer als 15 µm, tritt das Durchstoßen der Randzone entsprechend später ein. Es sei noch auf Abbildung 34 hingewiesen. Mit ihr soll verdeutlicht werden, daß die Härteeindrücke in die funkenerosiv bearbeiteten Hartmetallproben keine Rißbildung bzw. kein Abplatzen von Oberflächenteilchen hervorrief. Die Aufnahmen sind beim gleichen Eindruck mit verschiedener Tiefenschärfe gemacht.

Da es sich bei der Kleinlasthärtemessung um eine sehr empfindliche Prüfmethode handelt, wurde, um etwaige Fehlereinflüsse der Einzelmessung zu verringern, jedem Diagrammpunkt eine größere Zahl von Eindrücken zugrunde gelegt. Die Eindrücke mit 25 bis 300 gr Belastung wurden auf einem "Durimet" der Firma Leitz, Wetzlar, die Eindrücke mit 1 bis 10 kg Belastung auf dem Kleinlasthärteprüfer der Firma Zwick, Einsingen, gemacht. Die Meßergebnisse wurden deshalb in zwei getrennten Diagrammen aufgetragen.

Die Prüfdiagramme für die Hartmetallsorten P 10 und P 20 sind in den Abbildungen 35 und 36 dargestellt.

Es wurde die Eindringtiefe der Diamantpyramide des Kleinlasthärteprüfers über der aufgebrachten Belastung aufgetragen. Zusätzlich wurden noch die Diagonalwerte der Eindrücke als Maßstab angegeben.

In jedem Einzeldiagramm ist jeweils eine funkenerosiv geschliffene Hartmetallprobe mit einer geschliffenen Probe verglichen, wobei die funkenerosiv geschliffenen Proben mit verschiedenen Entladungsdichten bearbeitet waren. Die geschliffenen Proben wurden vor der Untersuchung mit Diamantläppaste von 1 µm und Alkoholkühlung von Hand poliert, um eine eventuell anhaftende Oxydhaut zu entfernen.

Bei P 10 tritt bei der Bearbeitung mit der kleinsten Entladungsdichte, abgesehen von einer sehr dünnen Schicht, eine leichte Aufhärtung gegenüber dem normalen Hartmetall bis über 15 µm Tiefe auf. Bei Anwendung von $0,2 \frac{W}{mm^2}$ ist jedoch praktisch kein Unterschied zwischen den beiden Proben festzustellen. Bei $0,4 \frac{W}{mm^2}$ ist dagegen eine Erweichung bis über 15 µm Tiefe feststellbar.

Diese Ergebnisse stimmen etwa mit den im vorigen Abschnitt aufgezeigten Standzeituntersuchungen an P 10 überein. Mit Erhöhung der Entladungsdichte bei der funkenerosiven Bearbeitung nahm die Standzeit des Meißels

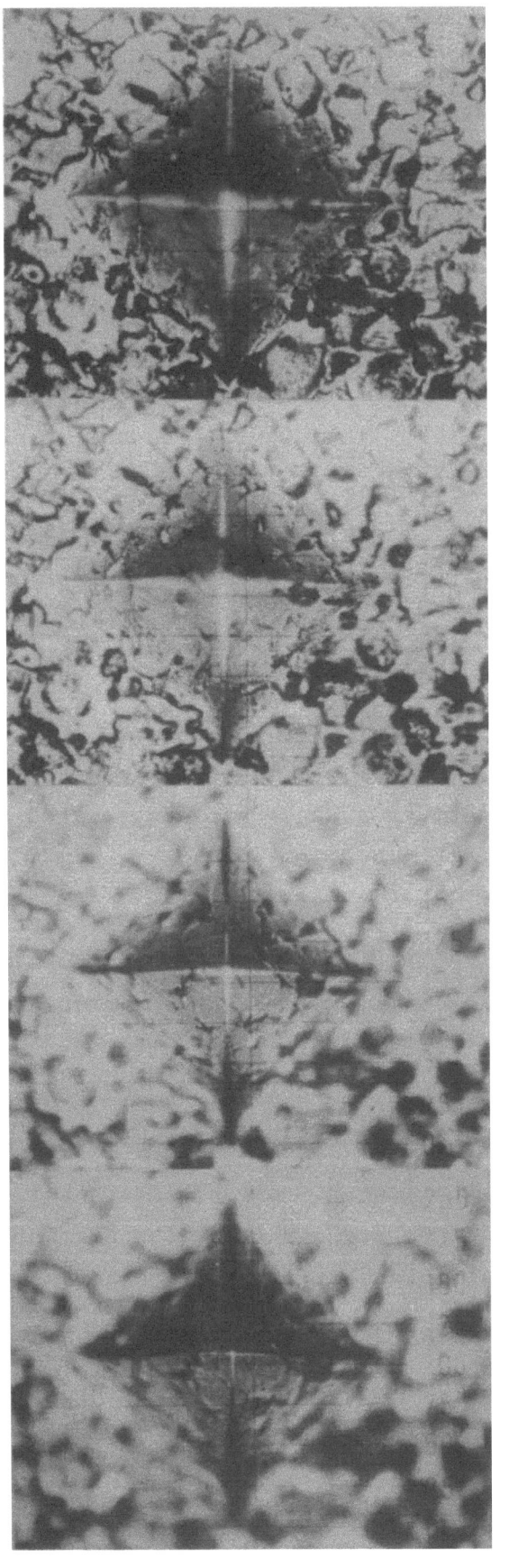

Abbildung 34

Härteeindruck in eine funkenerosiv bearbeitete Hartmetalloberfläche mit unterschiedlicher Tiefenschärfe aufgenommen

schnell ab, was u.U. durch den Abfall der Härte in der Randzone erklärt werden kann.

In ähnlicher Weise stimmten die Ergebnisse für den Schneidstoff P 20 überein. Wie Abbildung 36 zeigt, ist für P 20 erst bei Bearbeitung mit einer Entladungsdichte von $0,8 \frac{W}{mm^2}$ eine geringfügige Erweichung der Oberflächenschicht festzustellen, während bei einer geringeren Entladungsdichte in jedem Fall eine kleine Härtesteigerung zu verzeichnen ist. Übereinstimmend mit der Standzeitkurve für P 20 tritt bei $0,2 \frac{W}{mm^2}$ die größte Aufhärtung ein.

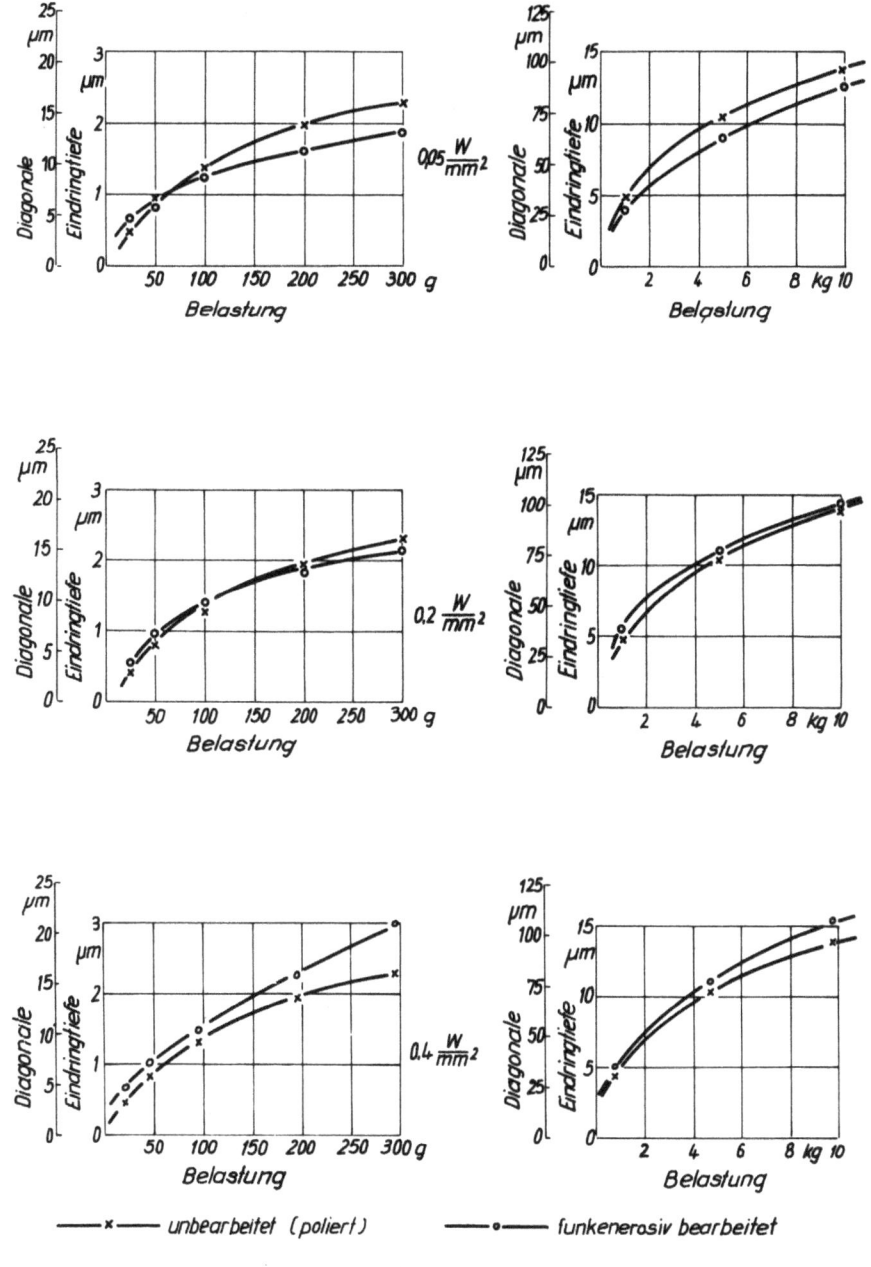

Abbildung 35

Eindringtiefe über Belastung für P 10 nach Einwirken verschiedener Entladungsdichten bei einer Scheibenelektrode aus Cu im Vergleich zum unbearbeiteten Werkstück

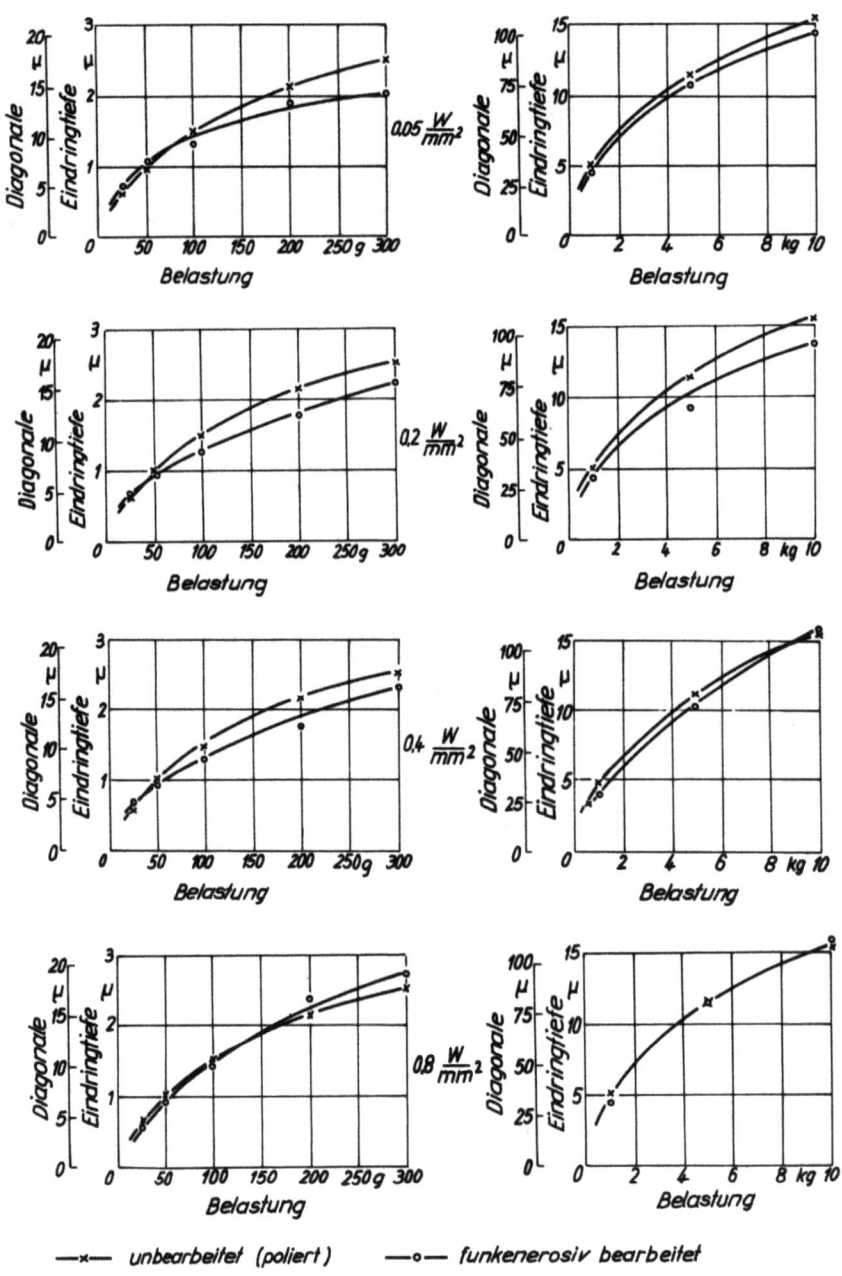

—×— unbearbeitet (poliert)   —○— funkenerosiv bearbeitet

Abbildung 36

Eindringtiefe über Belastung für P 20 nach Einwirken verschiedener Entladungsdichten bei einer Scheibenelektrode aus Cu im Vergleich zum unbearbeiteten Werkstück

Die Größe für die unterschiedliche Härte der unter verschiedenen elektrischen Bedingungen bearbeiteten Schneidstoffe und die teils dadurch bedingten unterschiedlichen Standzeiten sind sehr komplexer Natur. Im folgenden soll versucht werden, sie zu deuten.

Wie Abbildung 37 zeigt, nimmt die Randzonenbreite bei zunehmender Funkenenergie pro Flächeneinheit ebenfalls zu. Es handelt sich um zwei elektronenmikroskopische Aufnahmen von Querschliffen funkenerosiv mit

unterschiedlicher Entladungsdichte bearbeiteter Proben aus Hartmetall
P 20. In der linken oberen Ecke beider Aufnahmen ist der Rand des Hartmetallplättchens scharf abgegrenzt. Das links davon befindliche, dunkle
und zerklüftete Material gehört nicht zu den Hartmetallplättchen. Es
handelt sich um Verschmutzungen zwischen Plättchen und Gegenklemmstück.
Vom Rand der Plättchen diagonal nach rechts unten erstreckt sich eine
Zone unterschiedlicher Breite bis zu den ersten deutlich erkennbaren
Karbiden. Diese bei 4000facher Vergrößerung strukturlose Schicht stellt
die durch die Funkenenergie erzeugte Randzone dar. Sie ist bei kleinerer Entladungsdichte geringer als bei größerer Leistung pro Flächeneinheit.

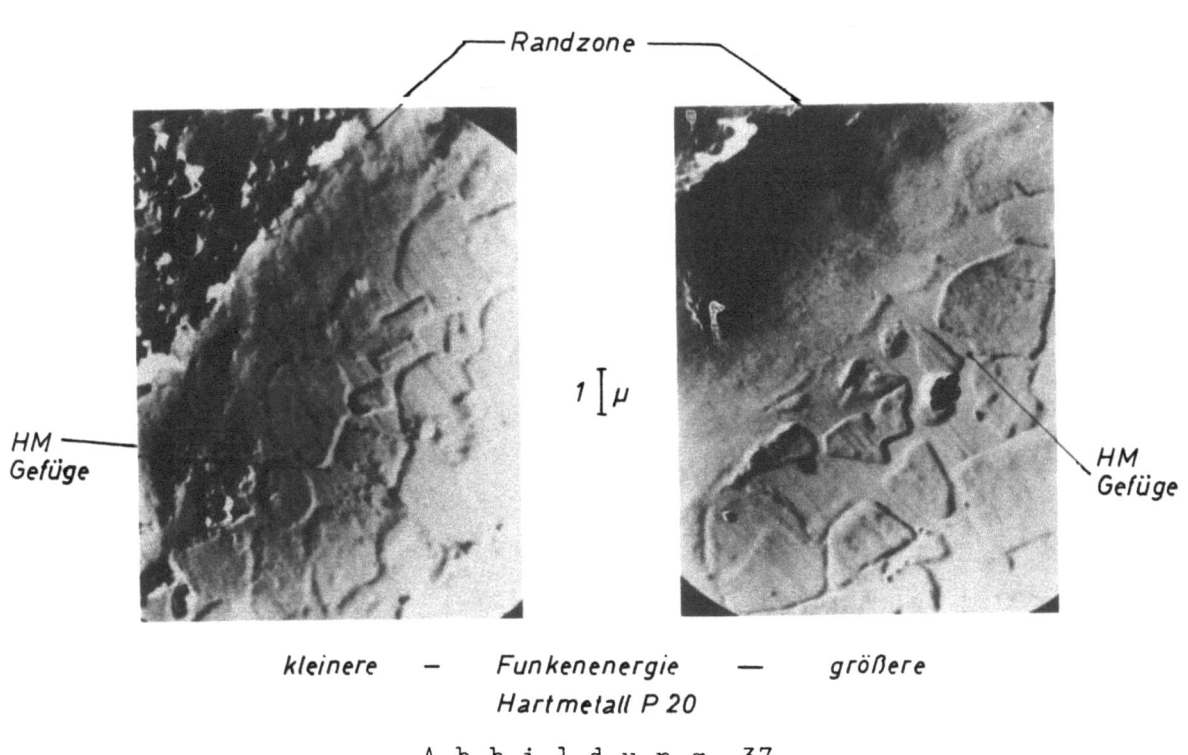

kleinere — Funkenenergie — größere
Hartmetall P 20

A b b i l d u n g 37
Randzone beim funkenerosiven Schleifen

Es wurden mit Absicht zwei sehr kleine Entladungsdichten (kleiner als
$0,05 \frac{W}{mm^2}$) gewählt, um eine geringe Randzonenbreite zu erhalten, so daß
ihre Ausdehnung in den Aufnahmebereich des Elektronenmikroskops fiel.
Dies wurde deshalb angestrebt, um gleichzeitig mit der Randzone das
Grundgefüge in guter Vergrößerung sichtbar machen zu können.

Wie aus den Härtemessungen ersichtlich und durch Untersuchungen von
K. GANSER [14] bestätigt, geht die Randzonenbreite mit Steigerung der
Funkenleistung noch weit über 15 μm hinaus. Diese großen Funkenleistungen

mit entsprechenden Randzonenbreiten interessieren in diesem Zusammenhang jedoch nicht, da schon ab $0,4 \frac{W}{mm^2}$ keine brauchbare Standzeit der Meißel mehr zu erwarten ist.

Durch den Umstand, daß die Härtemessungen für die in dieser Arbeit gezeigten Diagramme von der Oberfläche her gemacht wurden, erlauben die Werte nicht nur eine Aussage über die Härtesteigerung an sich, sondern auch in etwa über die vorliegende Dicke der harten Schicht. Die in Abbildung 29 auffälligen Knicke in den Standzeitgeraden für die funkenerosiv geschliffenen Meißel finden in der Randzonenbreite ihre Erklärung. Ist nämlich diese verschleißfestere Schicht der Grund für die geringere Steigung des ersten Teils der Verschleißkurven, so erfolgt bei ihrem Verschwinden durch Verschleiß oder Abplatzen ein plötzliches stärkeres Ansteigen der Geraden.

Der größere Verschleißwiderstand des funkenerosiv bearbeiteten Schneidstoffes mag nicht nur in der größeren Härte der Randzone begründet sein. Neben der Randzonendicke und -härte ist auch die Oberflächenrauhigkeit der Meißel bzw. die Schartigkeit der Schneide von Einfluß. Betrachtet man z.B. die Standzeitkurven über der Entladungsdichte für die Schneidstoffe P 20 und P 40, so entsteht das Maximum durch das Zusammenwirken der beiden Einflußgrößen Randzone und Oberflächenrauhigkeit. Wie bereits erwähnt, nimmt die Zonenbreite mit zunehmender Entladungsdichte zu. Gleichzeitig wird aber auch die Rauhigkeit des Werkstückes größer. Während die dickere Randschicht günstiger für das Verschleißverhalten der Hartmetallschneide ist, wirkt sich die größere Rauhigkeit auf die Standzeit verschlechternd aus. So ist bei P 20 und P 40 bei der Bearbeitung mit $0,05$ W/mm^2 die Oberflächenbeeinflussung zum normal feingeschliffenen Meißel schlechter, so daß die mit dieser Entladungsdichte geschliffenen Drehmeißel nicht wesentlich besser in der Standzeit liegen als die normalen. Das Standzeitmaximum ergibt sich also nicht nur aus der nachgewiesenen Härtesteigerung, sondern auch aus dem günstigsten Zusammentreffen von Randzonendicke und Oberflächengüte.

Die Unterschiede im Standzeitverhalten der verschiedenen Hartmetalle nach der funkenerosiven Aufbereitung können u.U. auf die unterschiedliche Beeinflussung des Hartmetallgefüges durch die Bearbeitung zurückgeführt werden. Nach den oben erläuterten Umwandlungsvorgängen führt demnach ein höherer Anteil an WC im Gefüge auch zu einem höheren Anteil an verschleißfesterem W_2C in der Randzone. Weiterhin kann z.T. auch der

Anteil der Mischkarbide maßgebend für die Unterschiede im Standzeitverhalten sein. G. VIEREGGE [15] stellte fest, daß bei Hartmetallen mit höherem Co-Gehalt nach Eindiffundieren von Kohlenstoff der Verschleißwiderstand bei Hartmetallen mit hohem Mischkarbidgehalt stärker herabgesetzt wird als bei Hartmetall mit geringen oder fehlenden Anteilen von Mischkarbiden. Er führt diese Erscheinung auf eine Herabsetzung der inneren Bindefestigkeit durch den Kohlenstoff zurück, die bei den Hartmetallen mit höherem Mischkarbidgehalt sowieso gering ist.

Die Vermutung, daß auch der bei der funkenerosiven Aufbereitung verwendete Scheibenelektrodenwerkstoff von Einfluß auf den Verschleißwiderstand der Drehmeißel sei, bestätigte sich in entsprechenden Versuchen.

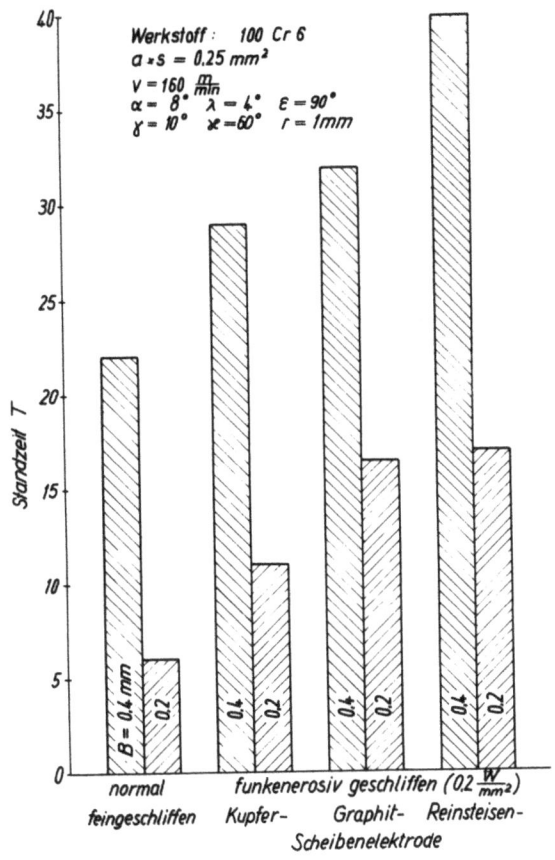

Abbildung 38

Standzeit T von normal geschliffenen und funkenerosiv mit verschiedenen Scheibenelektroden-Werkstoffen aufbereiteten Drehmeißeln (Hartmetall P 20)

In Abbildung 38 ist die Standzeit von Hartmetalldrehmeißeln der Anwendungsgruppe P 20 in Säulenform aufgetragen, und zwar für normal fein geschliffene und für funkenerosiv bei einer Entladungsdichte von 0,2 W/mm^2 mit verschiedenen Scheibenelektrodenwerkstoffen geschliffene Werkzeuge.

Bei den Elektrodenwerkstoffen handelt es sich um Elektrolytkupfer, Graphit und Armco-Eisen (Reinsteisen, 99,99 % Fe). Die Werte sind Mittelwerte von mindestens zwei Werkzeugen bei einer Verschleißmarkenbreite von B = 0,4 mm bzw. B = 0,2 mm. Die Schneidengeometrie und Schnittbedingungen waren für alle Drehmeißel gleich.

Es ist eine deutliche Standzeitsteigerung der mit Graphit geschliffenen Drehmeißel gegenüber den mit Kupfer aufbereiteten festzustellen. Die mit Armco-Eisen als Scheibenelektrode behandelten Meißel lagen dagegen noch besser. Ihre prozentuale Standzeitverbesserung im Vergleich zu den normalen Drehmeißeln betrug etwa 80 %.

Die Messung der Rauheit der Freifläche der Hartmetallmeißel ergab die in Abbildung 39 eingetragenen Werte. Die Tendenz der Kurven stimmt für Cu und C im einzelnen nicht ganz mit den nach den Standzeitergebnissen zu erwartenden Werten überein. Für Fe jedoch ist auch hier eine Überlegenheit gegenüber Kupfer und Graphit festzustellen. Die mit der Armco-Scheibe bearbeiteten Drehmeißel haben eine bessere Oberflächengüte als die mit Cu- und C-Scheiben geschliffenen.

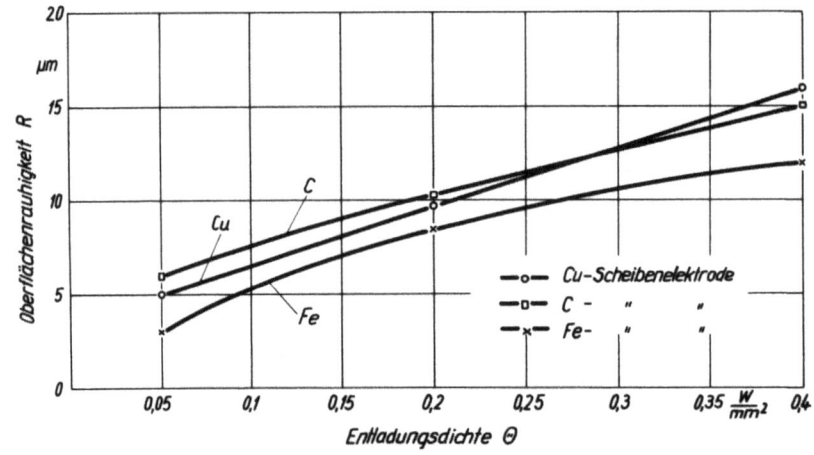

A b b i l d u n g 39
Oberflächenrauhigkeit bei Hartmetall P 20 in Abhängigkeit
von Entladungsdichte und Scheibenwerkstoff

Eine Bestätigung der Rangfolge im besseren Verschleißverhalten brachte die Härteuntersuchung der mit verschiedenen Elektroden aufbereiteten Drehmeißel. In Abbildung 40 sind die Eindringtiefen über der Belastung für das mit den verschiedenen Werkstoffen funkenerosiv bearbeitete Hartmetall P 20 dargestellt. Gegenüber der unbearbeiteten Probe zeigt die funkenerosiv mit $0,2 \frac{W}{mm^2}$ und dem Scheibenwerkstoff Cu bearbeitete

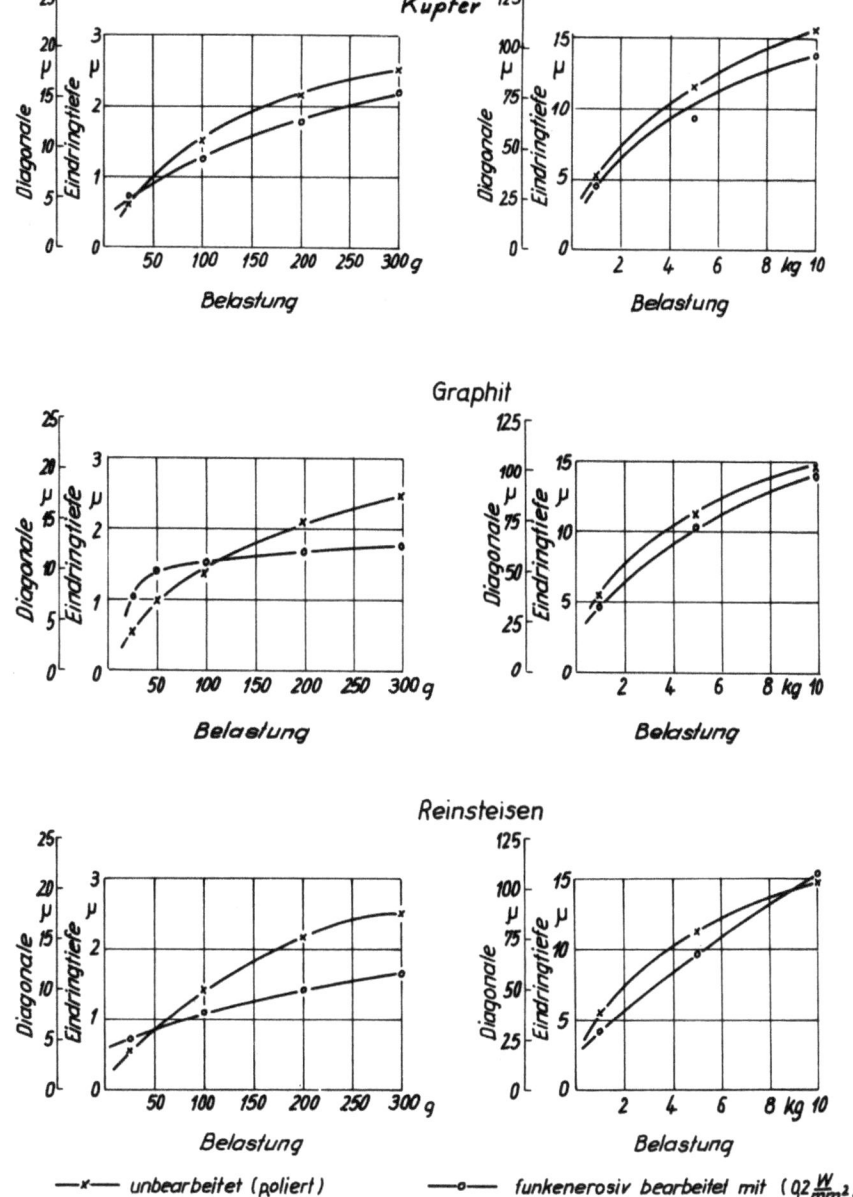

Abbildung 40
Eindringtiefe über Belastung für P 20 nach Einwirken einer konstanten Entladungsdichte bei verschiedenen Scheibenelektrodenwerkstoffen im Vergleich zum unbearbeiteten Werkstück

Probe eine geringe Härtesteigerung. Bei Graphit als Elektrodenwerkstoff ist nach einer sehr dünnen (1,4 µm) weicheren Schicht eine gegen unbearbeitet und Cu-Bearbeitung größere Aufhärtung bis zu 15 µm Tiefe festzustellen. Die mit Reinst-Eisen (Armco) bearbeitete Probe weist jedoch die größte Härtesteigerung auf, die ebenfalls fast bis 15 µm Tiefe anhält.

Die Erklärung für das unterschiedliche Standzeitverhalten ist wohl in
der Hauptsache im verschiedenen Härtezustand nach der funkenerosiven
Bearbeitung und der Änderung der Oberflächengüte je nach verwendetem
Elektrodenwerkstoff zu suchen. Die Haupteinflußgröße dürfte in diesem
Falle wahrscheinlich die Wärmeleitfähigkeit des Elektrodenwerkstoffes
sein [3].

$$Cu : 0,94 \frac{cal}{cm\ ^{o}C\ sec} \ ; \ C : 0,25 \frac{cal}{cm\ ^{o}C\ sec} \ ; \ Fe : 0,16 \frac{cal}{cm\ ^{o}C\ sec}.$$

Mit zunehmender Wärmeleitfähigkeit des Kathodenwerkstoffes wird die
Wirkzeit der Aufheizung im Bereich der Einzelentladung geringer, d.h.
die Abschreckgeschwindigkeit durch das Dielektrikum ist größer. Das
Verschleißverhalten (Standzeit) resultiert demnach daraus, daß bei dem
vorliegenden geringen Abstand der beiden Brennflecke eine Rückwirkung
der kathodenseitigen Wärmequelle auf den Anodenwerkstoff auftritt.

6.4 Wirtschaftlichkeitsbetrachtungen

Voraussetzungen für die wirtschaftliche Anwendung der Funkenerosion bei
der Aufbereitung von Hartmetalldrehmeißeln ist eine große Stückzahl, da
nur bei Serienbearbeitung die beim funkenerosiven Schleifen vorteilhaft
anwendbare Profilbearbeitung sinnvoll erscheint.

Beim herkömmlichen Schleifen werden Hartmetalldrehmeißel in den meisten
Fällen mit Siliziumkarbid vor- und mit Diamant fertiggeschliffen. Die
Kosten für diese Art der Aufbereitung wurden von WITTHOFF [16] eingehend untersucht. Das von ihm verwendete Verfahren und seine Angaben
über Schleifzeiten und Schleifscheibenkosten werden hier benutzt. Die
von WITTHOFF angegebenen Stundenlöhne und Gemeinkostenzuschläge wurden
durch heute vorliegende Stundenlöhne und Maschinenstundenkosten ersetzt.

Es muß noch vorausgesetzt werden, daß es sich bei dem im folgenden dargelegten Beispiel um eine Zusammenstellung von Richtwerten handelt,
die nicht für jeden Fall zutreffend sind.

Der Vergleich wurde durchgeführt für einen Kopierdrehmeißel aus Hartmetall P 20 mit folgender Schneidengeometrie:

Freiwinkel 6°; Breite der Spanformstufe   2,5 mm
Spanwinkel 10°; Tiefe der Spanformstufe   0,5 mm
Spitzenwinkel 52°

Der angenommene Neuwert W_a des Werkzeuges sei DM 30,--, der Restwert W_u (Wert des Werkzeuges am Ende der letzten Standzeit) sei Null. Die Zahl n_s der möglichen Nachschliffe wurde mit 15 festgelegt. Die Zahl n_{wT} der je Standzeit, also zwischen zwei Werkzeugschliffen, gefertigten Werkstücke betrug 50 Stück für die normal geschliffenen Drehmeißel. Aus den Standzeituntersuchungen wird für P 20 eine 30 %ige Standzeiterhöhung für den funkenerosiv geschliffenen Meißel entnommen, so daß eine Werkstückzahl von 65 eingesetzt werden kann. Die Ermittlung des wertmäßigen Schleifscheibenverbrauches je Nachschliff ist

$$S = \frac{t_{hs} \cdot W_{as}}{T_{es}} \qquad (28)$$

Dabei ist W_{as} der Neuwert der Schleifscheibe, W_{us} der Restwert der Schleifscheibe, t_{hs} die reinste Schleifzeit je Nachschliff und T_{es} die gesamte Schleifzeit, während der die Schleifscheibe für den betreffenden Schleifarbeitsgang benutzt werden kann.

T a b e l l e 5

Ermittlung des wertmäßigen Schleifscheibenverbrauches

Lfd. Nr.	Bezeichnung der Schleifscheibe	Arbeitsgang	Gebrauchszeit der Scheibe [h]	Beschaffungswert der Scheibe W_{as} [DM]	Schleifscheibenkosten je h $\frac{W_{as}}{t_{es}}$ [DM/h]	Schleifscheibenkosten je min $\frac{W_{as}}{t_{es}}$ [DM/min]
1	Siliziumkarbid Umfangsscheibe 80 J	Schlichtschliff	28	62,5	2,2	0,037
2	Diamant Teller-Scheibe 7K11D 100/75	Spanform stufenschliff	32	121	3,8	0,063
3	Diamant Topf-Scheibe 1 K25D 50/75	Fasenschliff	77	299	3,9	0,065
4	Graphitscheibe	alle Arb.-gänge	880	80	0,09	0,0015

Die Werte zur Ermittlung des wertmäßigen Schleifscheibenverbrauches sind der vorstehenden Tabelle 5 zu entnehmen.

Die hohe Gebrauchszeit der Graphitscheibe ist in der Hauptsache auf ihr großes nutzbares Volumen zurückzuführen. Von einem Ursprungsdurchmesser von 300 mm und einer Breite von 50 mm kann sie bis auf 150 mm Durchmesser genutzt werden.

In Tabelle 6 ist der Kostenvergleich der beiden Verfahren durchgeführt. Die Zeit T_{es} für einen Nachschliff ergibt sich aus der Summe der Zeiten für die Teilarbeitsgänge mit den laufenden Nummern 2, 3, 5, 6, 8, 9 und 10. Beim Normalschliff setzen sich die Zeiten unter 2 und 3 zusammen aus den anteiligen Zeiten für den Schlichtschliff der Spanfläche und der Freiflächen mit zweimaligem Einrichten. Beim funkenerosiven Schliff sind zwar ebenfalls zwei Arbeitsgänge, nämlich Vor- und Fertigschliff, unter 2 und 3 zusammengefaßt, diese werden aber in einer Aufspannung durchgeführt, so daß die Einrichtezeit sich auf die Hälfte reduziert. Es kommt allerdings eine Nebenzeit von 0,1 min für das Umschalten der Maschine zwischen Vor- und Nachschliff hinzu. Unter Spanflächenschliff (lfd. Nr. 4, 5, 6) bei der funkenerosiven Aufbereitung wird eine Profilbearbeitung verstanden, die gleichzeitig die Spanfläche und die Spanstufe erfaßt. Auch in diesem Bearbeitungsfall wird vor- und fertiggeschliffen. Die Schleifzeit T_{es} ist für die funkenerosiven Drehmeißel länger als bei den herkömmlichen Schleifverfahren. Der Stundenlohn L_s (lfd. Nr. 12) bei der funkenerosiven Aufbereitung ist deshalb niedriger angesetzt, weil die Arbeitskraft weniger qualifiziert sein kann als ein normaler Werkzeugschleifer. Der Arbeiter könnte auch ohne weiteres zwei Funkenerosionsmaschinen gleichzeitig bedienen, da der Arbeitsablauf selbsttätig ist. Die Maschinenstundenkosten K_M, die nicht die Schleifscheibenkosten enthalten, sind für die Funkenerosionsmaschine höher, da diese Maschine durch den Zusatz des Elektroaggregates teurer (angenommener Betrag DM 10.000,--) ist als eine normale Werkzeugschleifmaschine. Es sind dann die Kosten pro Nachschliff zu berechnen nach:

$$W_s = T_{es} (L_s + K_M) + S \tag{29}$$

Die Nachschleifkosten liegen demnach beim funkenerosiven höher als beim normalen Schleifen.

Tabelle 6

Kostenvergleich zwischen normalen und funkenerosiv aufbereiteten Drehmeißeln der Hartmetallsorte P 20

Lfd. Nr.	Kenngröße	Dimension		Vergleichsfall 1 normaler Schliff		Vergleichsfall 2 funkenerosiver Schliff
1	Bezeichnung der Schleifscheibe	-	Schlichtschliff	Siliziumkarbid-Umfangsscheibe 80 J	Freiflächenschliff	Graphitscheibe
2	Eingriffszeit der Schleifscheibe	min		1,8		3,9
3	Nebenzeit einschl. Verlustzeit	min		0,7		0,45
4	Bez. der Schleifscheibe	-	Spanstufenschliff	Diamant-Teller-Scheibe 7 K 11 D 100/75	Spanflächenschliff	
5	Eingriffszeit d. Schleifscheibe	min		2,38		5,1
6	Nebenzeit einschl. Verlustzeit	min		0,35		0,45
7	Bez. der Schleifscheibe	-	Fasenschliff	Diamant-Topfscheibe 1K25D 50/75	Fasenschliff an Freifläche	Graphitscheibe
8	Eingriffszeit d. Schleifscheibe	min		0,91		0,92
9	Nebenzeit einschl. Verlustzeit	min		0,10		0,1
10	Anteilige Zeit zum Abziehen d. Schleifscheibe	min		0,03		0,03
11	T_{es}	min		6,2		10,93
12	Stundenlohn des Schleifers L_s	DM/h		3,30		2,60
13	Maschinenstundenkosten	DM/h		7,00		8,30
14	Zeitabh. Schleifkosten $(L_s+K_M)T_{es}$	DM		1,06		1,83
15	S' für lfd. Nr. 2	DM		0,067		0,005
16	S" für lfd. Nr. 5	DM		0,144		0,007
17	S"' für lfd. Nr. 8	DM		0,059		0,001
18	Wertmäßiger Schleifscheibenverbrauch $S=S'+S''+S'''$	DM		0,27		0,013
19	Kosten je Nachschliff $W_s = T_{es}(L_s+K_M)+S$	DM		1,33		1,84
20	Zahl d. Werkstck. pro Standzeit n_{wT}	St.		50		65
21	Werkzeugkosten je Werkstück $K_w = \dfrac{W_a - W_u + n_s \cdot W_s}{n_{wT} \cdot (n_s+1)}$	DM		$\dfrac{30-0+15 \cdot 1,33}{50 \cdot 16}$ 0,062		$\dfrac{30-0+15 \cdot 1,84}{65 \cdot 16}$ 0,055

Bei der Berechnung der Werkzeugkosten je Werkstück nach der Gleichung

$$K_w = \frac{W_a - W_u + n_s \cdot W_s}{n_{wT} (n_s + 1)} \qquad (30)$$

kehrt sich das Verhältnis um, so daß die funkenerosiv geschliffenen Drehmeißel in den Werkzeugkosten um ein geringes billiger sind als die herkömmlich geschliffenen.

Zu ähnlichen Ergebnissen kamen D.A. WIGHT und J.K. CHURCH [17]. Sie geben als Scheibenkosten pro Drehmeißel an:

        Diamantscheiben   1,6 d

        Funkenerosionsscheibe 0,3 d

Die im Verhältnis höheren Kosten für die Scheibenelektrode im Vergleich zu den in dieser Arbeit angegebenen, sind auf den anderen Werkstoff, nämlich Gußeisen, zurückzuführen.

Das Verhältnis der Schleifzeiten zwischen Diamantschleifen und funkenerosivem Schleifen betrug 1 : 1,5. Als Endvergleich brachten sie die Kosten pro Nachschliff:

        Diamantschliff   6,9 pence

        Funkenerosion   8,3 pence.

Auf die Werkzeugkosten gingen sie nicht ein.

Es wurde schon vorher darauf hingewiesen, daß die zu dem hier durchgeführten Vergleich verwendeten Meißel eine einfache Form haben. Wird die Geometrie der Werkzeugschneide komplizierter, d.h. handelt es sich um schwierige Formen mit hohen Genauigkeitsansprüchen, so verschiebt sich der Vorteil wesentlich mehr zu Gunsten der funkenerosiven Aufbereitung, da die Profilbearbeitung hier weit einfacher durchzuführen ist als beim Schleifen mit der Diamantscheibe. Aber auch bei einfachen Drehmeißeln besteht die Möglichkeit zur Verringerung der Bearbeitungszeit und damit zur Senkung der Kosten durch Vergrößerung der Arbeitsfläche. Durch fertigungstechnische Verbesserung des Verfahrens dürfte es möglich sein, mehrere Werkzeuge gleichzeitig funkenerosiv zu schleifen und so die Schleifzeit T_{es} pro Nachschliff zu reduzieren.

7. Zusammenfassung

Nach einem Überblick über die Grundlagen der funkenerosiven Metallbearbeitung wurden die besonderen Merkmale, die sich durch die Rotation der Werkzeugelektrode ergeben, näher betrachtet.

Bei Versuchen mit veränderter Werkzeugelektrodenumfangsgeschwindigkeit ergab sich kein nennenswerter Einfluß auf Werkstückabtrag, Elektrodenverschleiß und Oberflächengüte. Die Drehzahl der Elektrode kann demnach den konstruktiven Gegebenheiten angepaßt werden. Der Vorteil der Rotation der Scheibenelektrode liegt darin, daß die gesamte arbeitende Elektrodenfläche im Verhältnis zur im Eingriff befindlichen Fläche groß ist und außerdem leicht profiliert werden kann.

Für das Arbeitsergebnis beim Arbeiten mit verschiedenen Werkstück- und Werkzeugelektrodenstoffen konnten Zusammenhänge zwischen Werkstückabtrag, Elektrodenverschleiß, Oberflächengüte sowie Funkenarbeit und den Wärmekonstanten der Werkstoffe angegeben werden.

Für den Bereich des Flachformschleifens wurden die Auswirkungen der Bearbeitungsspaltgrößen sowie des Scheibenelektrodenverschleißes auf die Abbildungsgenauigkeit dargestellt. Die aufgezeigten Zusammenhänge bilden eine Grundlage für die Gestaltung des Scheibenprofils zur Erzielung der gewünschten Maßgenauigkeit am Werkstück.

Die durch die beiden Einflußgrößen Bearbeitungsspalt und Werkzeugelektrodenverschleiß verursachten Maßänderungen bei der Profilbearbeitung von Hartmetall wurden erfaßt und Möglichkeiten zum Ausgleich dieser Fehlerquelle angegeben.

Im Rahmen der Versuche zum funkenerosiven Schleifen von Hartmetallmeißeln wurde eine Möglichkeit entwickelt, die beiden Freiflächen eines Meißels zusammen mit dem Spitzenradius im Formschliff aufzubereiten. Es wurde ein Weg aufgezeigt, die zu diesem Zweck, d.h. zum schleifgerechten Spannen der Drehmeißel, benötigten Aufspannwinkel schnell zu bestimmen. Die durchgeführten Standzeitversuche ergaben teilweise höhere Standzeiten der funkenerosiv geschliffenen Hartmetalldrehmeißel gegenüber den normal geschliffenen. Diese Standzeitverbesserung wurde auf eine Härtesteigerung in der Randzone des Hartmetalls durch die funkenerosive Bearbeitung zurückgeführt. Der Zusammenhang zwischen Härtesteigerung und Entladungsdichte wurde dargelegt. Ebenso wurde der Einfluß des Elektrodenwerkstoffes untersucht. Der Wirtschaftlichkeitsvergleich zwischen normaler und funkenerosiver Aufbereitung wurde über die

Nachschleifkosten bis zu den Werkzeugkosten pro Werkstück durchgeführt. Das Ergebnis ist für beide Verfahrensarten fast gleich. Jedoch beim Schleifen schwieriger Profilmeißel dürfte das funkenerosive Verfahren günstiger liegen, da große arbeitende Flächen eingesetzt werden können und das Profilieren der Scheibenelektrode leicht möglich ist.

                          Prof. Dr.-Ing. Dr. h.c. Herwart Opitz

                                  Dr.-Ing. Paul Kips

8. Literaturverzeichnis

[1] STUTE, G.　　　　　　　　　　　Ausnutzung elektrischer Entladungen zur Metallbearbeitung.
Dissertation T.H. Aachen, 1959

[2] OBRIG, H.　　　　　　　　　　　Über den Einfluß der Spülung auf das Arbeitsergebnis bei der funkenerosiven Stahlbearbeitung.
Industrieanzeiger 1960

[3] SOLOTYCH, B.N.　　　　　　　　Über die physikalischen Grundlagen der elektroerosiven Metallbearbeitung.
Bericht des Laboratoriums für elektroerosive Bearbeitung bei der Akademie der Wissenschaften, Moskau, 1957

[4] KIEFFER - SCHWARZKOPF　　　　Hartstoffe und Hartmetalle.
Springer-Verlag, Wien 1953

[5] JANITELLI, P.　　　　　　　　　Discharge Machining.
Machine and Tool Blue Book, Nov. 56, S. 110

[6] MATULAITIS, V.E.　　　　　　　Electrical Discharge Grindings of Tools.
Tool Engineer 36 (1956), Nr. 4, S. 97

[7] ZVEREV, E.K.　　　　　　　　　Einfluß des elektroerosiven Schleifens von Werkzeugen auf ihre Schneideigenschaften.
Maschinenbau und Fertigungstechnik in der UDSSR, Dez. 59, VDMA

[8] SCHALLBROCH, H. und
A. WALLICHS　　　　　　　　　　　Werkzeugverschleiß insbesondere an Drehmeißeln.
Berichte über betriebswissenschaftliche Arbeiten VDI-Verlag, Bd. 11/1938

[9] WEBER   Beitrag zur Analyse des Standzeit-
                               verhaltens.
                               Ind. Anz. 4. März 1955, S. 237

[10] HINNÜBER, J. und   Neuere Verfahren der Metallbearbei-
     O. RÜDIGER   tung, insbesondere die Elektro-
                               erosion.
                               Technische Mitteilungen, Krupp,
                               Bd. 12 (1954) Nr. 5, S. 107 ff.

[11] GANSER, K.   Hartmetallbearbeitung durch funken-
                               erosives Senken.
                               Industrie-Anzeiger, Heft 47 (1958),
                               S. 677

[12] RÜDIGER, O. und   Über die elektroerosive Metallbear-
     A. WINKELMANN   beitung.
                               Metall, Heft 5 (1958) S. 366-380

[13] DJATSCHENKO, P.J.   Maßnahmen zur Verfestigung von Werk-
                               zeugschneiden.
                               Stanki i instrument Nr. 9 (1955)

[14] GANSER, K.   Gesichtspunkte für die funkenerosive
                               Bearbeitung von Schnittplatten.
                               Industrieanzeiger (1960)

[15] VIEREGGE, G.   Der Werkzeugverschleiß bei der span-
                               abhebenden Bearbeitung im Spiegel
                               der Verschleiß-Schnittgeschwindig-
                               keitskurven.
                               Stahl und Eisen 77 (1957), H. 18

[16] WITTHOFF, J.   Zur wirtschaftlichkeit des Schleifens
                               von Hartmetallwerkzeugen mit Diamant-
                               schleifscheiben.
                               Techn. Mitteilungen, Krupp, Band 12
                               (1954) Nr. 5

[17] WIGHT, D.A. und Specification of tool shape and the
    J.K. CHURCH   grinding of cutting tools.
                     Conference on Technology of Engi-
                     neering manufacture, London, 1958,
                     Session III, Paper 5

9. Verwendete Abkürzungen

E	Spannung der Gleichspannungsquelle
C	Kapazität des Energiespeichers
U_c	Mittelwert der Spannung am Energiespeicher
E_1, E_2	Elektroden
U_f	Funkenspannung (Spannung an der Entladestrecke)
u_o	Überschlagspannung
J_l	Mittelwert des Stromes im Ladekreis
L_l	Induktivität im Ladekreis
R_l	Ohmscher Widerstand des Ladekreises
Z_{ol}	Kennwiderstand des Ladekreises
J_e	Mittelwert des Stromes im Entladekreis
L_e	Induktivität im Entladekreis
R_e	Ohmscher Widerstand des Entladekreises
Z_{oe}	Kennwiderstand des Entladekreises
$\hat{\imath}_e$	Spitzenstrom der einzelnen Halbwelle einer Entladung
$\hat{u}_f$	Anfangsspannung der einzelnen Halbwelle einer Entladung
u_b	Mindestfunkenbrennspannung einer Entladung
t_l	Ladedauer
t_f	Entladedauer
T_e	Dauer der ersten Entladungsperiode
f_f	mittlere Frequenz der Entladungsfolge
Z_f	Zahl der Entladungen
A_{fges}	Gesamtfunkenarbeit einer Entladung
N_f	Funkenleistung einer Entladung
A_K	Kondensatorarbeit
η_e	Wirkungsgrad des Entladekreises

V_w	Werkstückabtragsleistung
V_e	Werkzeugelektrodenverschleiß
ϑ	relativer Werkzeugelektrodenverschleiß
R	maximale Werkstückoberflächenrauhigkeit
l	Bogenlänge der Scheibenelektrode
b_w	Werkstückbreite
b_E	Scheibenelektrodenbreite
d	Scheibenelektrodendurchmesser
Δr	Scheibenelektrodenradiusänderung durch Verschleiß
t	Hauptzeit der funkenerosiven Bearbeitung
a_h und a_v	Zustellung
F	Arbeitsfläche
V	Scheibenelektrodenumfangsgeschwindigkeit
α	Bearbeitungsspalt
Θ	Entladungsdichte
g	Steigung am Werkstück durch Scheibenverschleiß
α_h	Freiwinkel der Hauptschneide ⎫
α_n	Freiwinkel der Nebenschneide ⎬ am Drehmeißel
ε	Spitzenwinkel ⎪
$\varkappa$	Einstellwinkel ⎭
ν, σ	Korrekturwinkel zum Aufspannen für die Drehmeißelaufbereitung
$\varkappa''$	Winkel zum Profilieren der Scheibe für die Drehmeißelaufbereitung
K_T	Kolktiefe ⎫
K_M	Kolkmittenabstand ⎬ am Drehmeißel
K	Keilwinkelverringerung ⎪
B	Verschleißmarkenbreite ⎭
T	Drehzeit (Standzeit) des Drehmeißels

W_a Neuwert des Drehmeißels

W_u Restwert des Drehmeißels

n_s Zahl der Nachschliffe

n_{wT} Zahl der pro Nachschliff gefertigten Werkstücke

S wertmäßiger Schleifscheibenverbrauch je Nachschliff

W_{as} Neuwert der Schleifscheibe

W_{us} Restwert der Schleifscheibe

t_{hs} reine Schleifzeit pro Nachschliff

T_{es} gesamte Schleifzeit

L_s Stundenlohn des Schleifers

r_s Gemeinkostenzuschlag

W_s Kosten je Nachschliff

K_w Werkzeugkosten je Werkstück

K_M Maschinenstundenkosten

FORSCHUNGSBERICHTE DES LANDES NORDRHEIN-WESTFALEN

Herausgegeben durch das Kultusministerium

FERTIGUNG

HEFT 11
Laboratorium für Werkzeugmaschinen und Betriebslehre, Technische Hochschule Aachen
1. Untersuchungen über Metallbearbeitung im Fräsvorgang mit Hartmetallwerkzeugen und negativem Spanwinkel
2. Weiterentwicklung des Schleifverfahrens für die Herstellung von Präzisionswerkstücken unter Vermeidung hoher Temperaturen
3. Untersuchung von Oberflächenveredlungsverfahren zur Steigerung der Belastbarkeit hochbeanspruchter Bauteile
1953, 80 Seiten, 61 Abb., DM 15,75

HEFT 47
Prof. Dr.-Ing. K. Krekeler, Aachen
Versuche über die Anwendung der induktiven Erwärmung zum Sintern von hochschmelzenden Metallen sowie zur Anlegierung und Vergütung von aufgespritzten Metallschichten mit dem Grundwerkstoff
1954, 66 Seiten, 39 Abb., 11 Tabellen, DM 13,90

HEFT 53
Prof. Dr.-Ing. H. Opitz, Aachen
Reibwert und Verschleißmessungen an Kunststoffgleitführungen für Werkzeugmaschinen
1954, 38 Seiten, 18 Abb., DM 8,20

HEFT 66
Dr.-Ing. P. Füsgen VDI †, Düsseldorf
Untersuchungen über das Auftreten des Ratterns bei selbsthemmenden Schneckengetrieben und seine Verhütung
1954, 32 Seiten, 5 Abb., DM 6,60

HEFT 86
Prof. Dr.-Ing. H. Opitz, Aachen
Untersuchungen über das Fräsen von Baustahl sowie über den Einfluß des Gefüges auf die Zerspanbarkeit
1954, 108 Seiten, 73 Abb., 7 Tabellen, DM 22,—

HEFT 99
Prof. Dr. G. Garbotz, Aachen
Der Kraft- und Arbeitsaufwand sowie die Leistungen beim Biegen von Bewehrungsstählen in Abhängigkeit von den Abmessungen, den Formen und der Güte der Stähle (Ermittlung von Leistungsrichtlinien)
1955, 136 Seiten, 53 Abb., 3 Anlagen, 18 Tabellen, DM 30,—

HEFT 101
Prof. Dr.-Ing. H. Opitz, Aachen
Wirtschaftlichkeitsbetrachtungen beim Außenrundschleifen
1955, 100 Seiten, 56 Abb., 3 Tabellen, DM 19,30

HEFT 112
Prof. Dr.-Ing. H. Opitz, Aachen
Verschleißmessungen beim Drehen mit aktivierten Hartmetallwerkzeugen
1954, 44 Seiten, 17 Abb., 6 Tabellen, DM 8,80

HEFT 135
Prof. Dr.-Ing. K. Krekeler und Dr.-Ing. H. Peukert, Aachen
Die Änderung der mechanischen Eigenschaften thermoplastischer Kunststoffe durch Warmrecken
1955, 54 Seiten, 27 Abb., DM 11,10

HEFT 207
Prof. Dr.-Ing. H. Opitz, Dipl.-Ing. K. H. Fröhlich und Dipl.-Ing. H. Siebel, Aachen
Richtwerte für das Fräsen von unlegierten und legierten Baustählen mit Hartmetall. I. Teil
1956, 48 Seiten, 27 Abb., 3 Tabellen, DM 11,10

HEFT 215
Prof. Dr.-Ing. H. Opitz und Dr.-Ing. G. Weber, Aachen
Einfluß der Wärmebehandlung von Baustählen auf Spanentstehung, Schnittkraft- und Standzeitverhalten
1956, 70 Seiten, 30 Abb., 11 Tabellen, DM 18,40

HEFT 232
Prof. Dr.-Ing. O. Kienzle, Hannover und Dr.-Ing. H. Münnich, Schweinfurt
Feststellung der Spannungen und Dehnungen und Bruchdrehzahlen der unter Fliehkraft und Bearbeitungskraft beanspruchten Schleifkörper
1957, 130 Seiten, 67 Abb., 12 Tabellen, DM 31,35

HEFT 245
Prof. Dr.-Ing. habil. K. Krekeler, Aachen
Das Verbinden von Metallen durch Kunstharzkleber. Teil I: Eigenschaften und Verwendung der Metallklebstoffe
1956, 48 Seiten, 8 Abb., DM 10,25

HEFT 246
Prof. Dr.-Ing. habil. K. Krekeler, Aachen
Das Verbinden von Metallen durch Kunstharzkleber. Teil II: Untersuchungen an geklebten Leichtmetall-Verbindungen
1956, 80 Seiten, 40 Abb., DM 17,50

HEFT 262
Dr.-Ing. W. Batel, Aachen
Untersuchungen zur Absiebung feuchter, feinkörniger Haufwerke und Schwingsieben
1956, 90 Seiten, 45 Abb., 22 Diagramme, 5 Tabellen DM 23,40

HEFT 271
Prof. Dr.-Ing. H. Opitz und Dipl.-Ing. H. Axer, Aachen
Beeinflussung des Verschleißverhaltens bei spanenden Werkzeugen durch flüssige und gasförmige Kühlmittel und elektrische Maßnahmen
1956, 46 Seiten, 28 Abb., DM 10,70

HEFT 284
Prof. Dr. F. Wever, Düsseldorf, Dr.-Ing. H. J. Wiester, Essen, Dr.-Ing. F. W. Straßburg, Duisburg, Prof. Dr.-Ing. H. Opitz, Aachen und Dr.-Ing. K. H. Fröhlich, Köln
Einfluß des Gefüges auf die Zerspanbarkeit von Einsatz- und Vergütungsstählen
1957, 88 Seiten, 126 Abb., 11 Tabellen, DM 22,45

HEFT 287
Prof. Dr.-Ing. habil. K. Krekeler, Aachen
Änderungen der mechanischen Eigenschaftswerte thermoplastischer Kunststoffe bei Beanspruchung in verschiedenen Medien
1956, 62 Seiten, 23 Abb., 5 Tabellen, DM 13,70

HEFT 288
Dr. K. Brücker-Steinkuhl, Düsseldorf
Anwendung mathematisch-statischer Verfahren in der Industrie
1956, 103 Seiten, 27 Abb., 14 Tabellen, DM 24,20

HEFT 295
Prof. Dr.-Ing. H. Opitz und Dipl.-Ing. H. Axer, Aachen
Untersuchung und Weiterentwicklung neuartiger elektrischer Bearbeitungsverfahren
1956, 42 Seiten, 27 Abb., DM 10,30

HEFT 296
Prof. Dr.-Ing. H. Opitz, Aachen
I. Untersuchungen an elektronischen Regelantrieben
II. Statische Untersuchungen zur Ausnutzung von Drehbänken
1956, 46 Seiten, 18 Abb., DM 10,40

HEFT 304
Prof. Dr.-Ing. K. Krekeler, Düsseldorf und Dipl.-Ing. A. Kleine-Albers, Aachen
Beitrag zur thermoelastischen Warmformbarkeit von Hart-PVC
1957, 72 Seiten, 29 Abb., DM 17,70

HEFT 320
Dr. H.-E. Caspary, Köln
Verwendung von Szintillationszählern an Stelle von Zählrohren zur zerstörungsfreien Materialprüfung
1956, 42 Seiten, 13 Abb., 2 Tabellen, DM 10,10

HEFT 324
Prof. Dr.-Ing. H. Opitz, Priv.-Doz. Dr.-Ing. E. Saljé und Dipl.-Ing. K. E. Schwartz, Aachen
Richtwerte für das Außenrund-Längs- und Einstechschleifen
1956, 62 Seiten, 44 Abb., 2 Tabellen, DM 13,85

HEFT 327
Prof. Dr.-Ing. habil. K. Krekeler und Dr.-Ing. H. Peukert, Aachen
Beitrag zur thermoelastischen Formbarkeit von Polyäthylen
1956, 56 Seiten, 49 Abb., 9 Tabellen, DM 12,80

HEFT 350
Prof. Dr.-Ing. habil. K. Krekeler und Dr.-Ing. H. Peukert, Aachen
Das Spannungsverhalten der Kunststoffe bei der Verarbeitung
1958, 24 Seiten, 12 Abb., DM 20,—

HEFT 351
Prof. Dr.-Ing. H. Opitz, Dipl.-Ing. H. Axer und Dipl.-Ing. H. Rhode, Aachen
Zerspanbarkeit hochwarmfester und nichtrostender Stähle. Teil I
1957, 96 Seiten, 73 Abb., 2 Tabellen, DM 21,80

HEFT 385
Prof. Dr.-Ing. H. Opitz, Dr. Ing. H. Axer und Dipl.-Ing. H. Rohde, Aachen
Zerspanbarkeit hochwarmfester und nichtrostender Stähle. Teil II
1957, 86 Seiten, 54 Abb., 5 Tabellen, DM 19,30

HEFT 386
Prof. Dr.-Ing. H. Opitz und Dipl.-Ing. O. Hake, Aachen
Standzeituntersuchungen und Verschleißmessungen mit radioaktiven Isotopen
1958, 36 Seiten, 33 Abb., 3 Tabellen, DM 12,75

HEFT 395
Dipl.-Ing. L. Hahn, Clausthal-Zellerfeld
Untersuchungen zur Frage des optimalen Bohrloch- und Patronendurchmessers
1957, 132 Seiten, 49 Abb., 19 Tabellen, DM 31,25

HEFT 405
Prof. Dr.-Ing. H. Opitz und Dipl.-Ing. H. Schuler, Aachen
Untersuchungen für einen Wirtschaftlichkeitsvergleich der Feinbearbeitungsverfahren
1958, 72 Seiten, 43 Abb., DM 17,90

HEFT 406
W. Kirsch, Chemieprodukte GmbH., Leverkusen-Rheindorf
Entwicklungsarbeiten auf dem Gebiete des Korrosionsschutzes und der Abdichtung
1957, 76 Seiten, 28 Abb., 11 Tabellen, DM 19,—

HEFT 408
Prof. Dr. phil. F. Wever, Dr.-Ing. W. Lueg und Dr.-Ing. H. G. Müller, Düsseldorf
Kraft- und Arbeitsbedarf beim Warmscheren von Stahl in Abhängigkeit von Temperatur und Schnittgeschwindigkeit
1957, 46 Seiten, 15 Abb., 3 Tabellen, DM 11,35

HEFT 413
Prof. Dr.-Ing. H. Opitz, Dipl.-Ing. H. Siebel und Dipl.-Ing. R. Fleck, Aachen
Richtwerte für das Fräsen von unlegierten und legierten Baustählen mit Hartmetall, Teil II
1957, 56 Seiten, 35 Abb., 4 Tabellen, DM 14,40

HEFT 426
Prof. Dr.-Ing. H. Opitz und Dipl.-Ing. W. Scholz, Aachen
Untersuchungen über den Räumvorgang
1957, 74 Seiten, 36 Abb., 7 Tabellen, DM 16,55

HEFT 447
Prof. Dr.-Ing. F. Bollenrath, Aachen, Dr.-Ing. H. Füllenbach, Seesen/Harz und Dipl.-Ing. J. Schumacher, Neubeckum/Westf.
Entwicklung rationell arbeitender Spritzkabinen
1958, 44 Seiten, 26 Abb., DM 13,55

HEFT 465
Dr.-Ing. R. Koch, Köln
Amerikanische Fertigungsunterlagen und ihre Werkstattreifmachung für deutsche Betriebe
1958, 54 Seiten, 19 Abb., DM 17,35

HEFT 474
Dr.-Ing. R. Ibing und Dipl.-Ing. G. Meier, Hannover
Eichung und Entwicklung von Staubentnahmesonden
1958, 32 Seiten, 9 Abb., 2 Tabellen, DM 8,65

HEFT 520
Prof. Dr.-Ing. H. Opitz, Dipl.-Ing. H. Obrig und Dipl.-Ing. P. Kips, Aachen
Untersuchung neuartiger elektrischer Bearbeitungsverfahren
1958, 44 Seiten, 35 Abb., 2 Tabellen, DM 14,70

HEFT 521
Prof. Dr.-Ing. H. Opitz und Dipl.-Ing. K. E. Schwartz, Aachen
Das Abrichten von Schleifscheiben mit Diamanten
1958, 72 Seiten, 34 Abb., 3 Tabellen, DM 17,15

HEFT 570
Prof. Dr.-Ing. habil. K. Krekeler, Dr.-Ing. H. Peukert und Dipl.-Ing. O. Schwarz, Aachen
Kerbempfindlichkeit thermoplastischer Kunststoffe abhängig von der Kerbform und der Beanspruchungstemperatur
1958, 40 Seiten, 24 Abb., 12 Tabellen, DM 13,30

HEFT 603
Prof. Dr.-Ing. L. Engel und Dr.-Ing. J. Foerster, Clausthal-Zellerfeld
Gummielastische Stoffe als Dämpfungselemente an schlagenden Werkzeugen
1959, 48 Seiten, 36 Abb., DM 14,70

HEFT 605
Ing. L. Bommes, M.-Gladbach
Bestimmung von Leistung und Wirkungsgrad eines Ventilators
1958, 46 Seiten, 29 Abb., 3 Tabellen, DM 12,60

HEFT 638
Prof. Dr.-Ing. H. Opitz, Dr.-Ing. H. Schuler und Dipl.-Ing. P.-H. Brammertz, Düsseldorf
Die Werkstückgüte beim Feindrehen und Feinschleifen und ihr Einfluß auf die Fertigungskosten
1958, 46 Seiten, 29 Abb., DM 12,80

HEFT 643
Max-Planck-Institut für Silikatforschung, Würzburg
Spannungsmessungen an Schleifkörpern
1958, 38 Seiten, 22 Abb., DM 11,70

HEFT 664
Dr. phil. habil. P. Hölemann und Ing. R. Hasselmann, Düsseldorf-Reisholz
Die Bestimmung der Gasausbeute von Karbid
1958, 22 Seiten, 3 Abb., 5 Tabellen, DM 6,70

HEFT 666
Prof. Dr.-Ing. K. Krekeler, Dr.-Ing. H. Peukert und Dipl.-Ing. B. Frerichmann, Aachen
Die Infraroterwärmung an thermoplastischen Kunststoffen
1959, 82 Seiten, 77 Abb., 5 Tabellen, DM 22,60

HEFT 693
Prof. Dr.-Ing. O. Kienzle, Hannover
Einige Untersuchungen über das Schneiden von Blechen
1959, 56 Seiten, 54 Abb., 3 Tabellen, DM 17,40

HEFT 707
Prof. Dr.-Ing. habil. K. Krekeler und Dipl.-Ing. H. Verhoeven, Aachen
Untersuchungen über Bolzenschweißverfahren

HEFT 708
Prof. Dr.-Ing. habil. K. Krekeler, Dr.-Ing. H. Peukert und Dipl.-Ing. J. Zähren, Aachen
Die Schweißbarkeit weicher Kunststoff-Schaumstoffe
1959, 34 Seiten, 28 Abb., 3 Tabellen, DM 10,90

HEFT 745
Prof. Dr.-Ing. W. Batel, Aachen
Über die Zerkleinerung zwischen Mahlhilfskörpern in Schwing- und Rohrmühlen und über die Kennzeichnung und Analyse des Mahlgutes
1959, 94 Seiten, DM 27,30

HEFT 747
Dr.-Ing. G. Seulen und Ing. H. Geisel, Düsseldorf
Ermittlung der Einhärtungstiefen beim Induktionshärten mit einer Frequenz von 10 kHz
1959, 26 Seiten, 19 Abb., 2 Tabellen DM 7,90

HEFT 764
Prof. Dr.-Ing. H. Opitz, Dr.-Ing. H. Siebel und Dipl.-Ing. R. Fleck, Aachen
Keramische Schneidstoffe
1959, 30 Seiten, 18 Abb., DM 9,80

HEFT 770
Dr.-Ing. R. Bressler, Leverkusen
Untersuchung des Wärmeüberganges in einem Dünnschichtverdampfer

HEFT 771
Dr.-Ing. B. Hille, Aachen
Die Veränderungen des Kornaufbaues während des Betriebsablaufes beim Aufbereiten von bituminösem Mischgut

HEFT 775
Prof. Dr.-Ing. H. Opitz
Automatische Erfassung der Maßabweichung der Werkstücke zum Zweck der selbständigen Korrektur der Maschine
1959, 38 Seiten, 27 Abb., DM 11,40

HEFT 777
Prof. Dr.-Ing. H. Opitz und Dipl.-Ing. P.-H. Brammertz, Aachen
Werkstückgüte und Fertigkeitskosten beim Innen-Feindrehen und Außenrund-Einsteckschleifen
1959, 92 Seiten, 68 Abb., DM 25,30

HEFT 788
Prof. Dr.-Ing. Herwart Opitz, Aachen
Der Einsatz radioaktiver Isotope bei Zerspannungsuntersuchungen *1959, 36 Seiten, 23 Abb., DM 11,30*

HEFT 806
Prof. Dr.-Ing. H. Opitz u. a., Aachen
Untersuchungen von Zahnradgetrieben und Zahnradbearbeitungsmaschinen
1960, 95 Seiten, 81 Abb., DM 29,30

HEFT 809
Prof. Dr.-Ing. H. Opitz und Dipl.-Ing. H. H. Herold, Aachen
Untersuchung von elektro-mechanischen Schaltelementen
1960, 35 Seiten, 16 Abb., DM 11,—

HEFT 810
Prof. Dr.-Ing. H. Opitz und Dr.-Ing. N. Maas, Aachen
Das dynamische Verhalten von Lastschaltgetrieben
1960, 97 Seiten, 77 Abb., DM 29,50

HEFT 812
Prof. Dr.-Ing. O. Kienzle und Dipl.-Ing. K. Mietzner, Hannover, im Auftrage der VDI-Fachgruppe „Betriebstechnik", Düsseldorf
Die mikrogeometrischen Veränderungen der Oberfläche beim kalten Umformen
1960, 47 Seiten, 38 Abb., DM 16,60

HEFT 820
Prof. Dr.-Ing. H. Opitz, Dipl.-Ing. H. Rohde und Dipl.-Ing. W. König, Aachen
Untersuchungen der Spanformung durch Spanbrecher beim Drehen mit Hartmetallwerkzeugen
1960, 35 Seiten, 16 Abb., DM 15,80

HEFT 830
Prof. Dr.-Ing. H. Opitz und Dipl.-Ing. W. Backé, Aachen
Automatisierung des Arbeitsablaufes in der spanabhebenden Fertigung
1960, 43 Seiten, 39 Abb., DM 14,60

HEFT 831
Prof. Dr.-Ing. H. Opitz, Dr.-Ing. H.-G. Rohs und Dr.-Ing. G. Stute, Aachen
Statistische Untersuchungen über die Ausnutzung von Werkzeugmaschinen in der Einzel- und Massenfertigung
1960, 38 Seiten, 32 Abb., DM 13,—

HEFT 864
Prof. Dr.-Ing. H. Opitz, Aachen
Funkenarbeit und Bearbeitungsergebnis bei der funkenerosiven Bearbeitung
1960, 44 Seiten, 19 Abb., DM 13,60

HEFT 894
Dr.-Ing. W. Lindner, Hagen (Westf.)
Vorschlag zur Vereinheitlichung der Hauptabmessungen an handelsüblichen Zahnradgetrieben

HEFT 898
Prof. Dr.-Ing. H. Opitz und Dipl.-Ing. H. de Jong, Aachen
Untersuchung von Zahnradgetrieben und Zahnradbearbeitungsmaschinen in Zusammenarbeit mit der Industrie

HEFT 900
Prof. Dr.-Ing. H. Opitz, Aachen
Automatisierung der Werkzeugmaschine für die spanabhebende Bearbeitung

HEFT 901
Prof. Dr.-Ing. H. Opitz, Aachen
Lebensdauerprüfung von Zahnradgetrieben

HEFT 905
Prof. Dr.-Ing. F. Kollmann
Untersuchung der wichtigeren Gebrauchseigenschaften von kunstharzbeschichteten Holzfaser- und Holzspanplatten

---

Ein Gesamtverzeichnis der Forschungsberichte, die folgende Gebiete umfassen, kann bei Bedarf vom Verlag angefordert werden:
Acetylen / Schweißtechnik – Arbeitspsychologie und -wissenschaft – Bau / Steine / Erden – Bergbau – Biologie – Chemie – Eisenverarbeitende Industrie – Elektrotechnik / Optik – Fahrzeugbau / Gasmotoren – Farbe / Papier / Photographie – Fertigung – Gaswirtschaft – Hüttenwesen / Werkstoffkunde – Luftfahrt / Flugwissenschaften – Maschinenbau – Medizin / Pharmakologie / Physiologie – NE-Metalle – Physik – Schall / Ultraschall – Schiffahrt – Textiltechnik / Faserforschung / Wäschereiforschung – Turbinen – Verkehr – Wirtschaftswissenschaften.

MIX
Papier aus verantwortungsvollen Quellen
Paper from responsible sources
FSC® C105338

If you have any concerns about our products,
you can contact us on
ProductSafety@springernature.com

In case Publisher is established outside the EU,
the EU authorized representative is:
**Springer Nature Customer Service Center GmbH
Europaplatz 3, 69115 Heidelberg, Germany**

Printed by Libri Plureos GmbH
in Hamburg, Germany